世图心理

博客: http://blog.sina.com.cn/bjwpcpsy
微博: http://weibo.com/wpcpsy

PSYCHOLOGY *and*

PERSONAL GROWTH 7e

[美] 尼尔森·古德————编著　　田文慧————译

心理学

与人生

第 7 版

 中国出版集团有限公司

 世界图书出版公司
北京　广州　上海　西安

图书在版编目（CIP）数据

心理学与人生：第7版 / (美) 尼尔森·古德编著；田文慧译 . —北京：世界图书出版有限公司北京分公司，2023.6
ISBN 978-7-5232-0169-5

Ⅰ.①心… Ⅱ.①尼…②田… Ⅲ.①心理学—通俗读物 Ⅳ.①B84-49

中国国家版本馆CIP数据核字（2023）第067141号

Authorized translation from the English language edition, entitled Psychology and Personal Growth 7e by Nelson Goud, Published by Pearson Education, Inc. Copyright © 2009, 2006, 2003, 1998 Pearson Education, Inc.
All rights reserved. No part of this book may be reproduced or transmitted in any form or by any means, electronic or mechanical, including photocopying, recording or by any information storage retrieval system, without permission from Pearson Education, Inc.
Chinese simplified language edition published by Beijing World Publishing Corporation by Copyright © 2023.

书　　名	心理学与人生：第7版 XINLIXUE YU RENSHENG
编 著 者	［美］尼尔森·古德
译　　者	田文慧
责任编辑	詹燕徽
装帧设计	人马艺术设计
出版发行	世界图书出版有限公司北京分公司
地　　址	北京市东城区朝内大街137号
邮　　编	100010
电　　话	010-64038355（发行）　　64033507（总编室）
网　　址	http://www.wpcbj.com.cn
邮　　箱	wpcbjst@vip.163.com
销　　售	新华书店
印　　刷	河北鑫彩博图印刷有限公司
开　　本	787mm×1092mm　1/16
印　　张	20.5
字　　数	237千字
版　　次	2023年6月第1版
印　　次	2023年6月第1次印刷
版权登记	01-2022-1109
国际书号	ISBN 978-7-5232-0169-5
定　　价	69.00元

序 _____

　　1845年，28岁的梭罗开始了他的实验——在瓦尔登湖生活。他写道，自己来到森林是因为："我希望能够有意识地生活，只面对生命中基本的事实，看看我能否学会它教导我们的，而不是等到我将死之时，才猛然发现自己从来没有真正地活过。"（Thoreau, 1854/1962, p. 172）[1]

　　生命中的一个基本问题是如何选择并创造一种真实的生活、一种真正经历过的生活。知道你是谁、你想要成为什么样的人、你现在是什么样的人以及你正在成为什么样的人，这些并不是只有你亲身到瓦尔登湖生活两年才能领悟的。你可以即刻探索自己的本质。本书提供了一种方式，可以让你开始这种对自己和你所追求的生活道路的探寻。本书收集的40多篇文章和几十种应用练习都属于个人成长相关的应用心理学范畴。这些文章分为三个主题：人际关系、情绪与情感，以及品味生活。

　　有些文章可能与你的生活密切相关，而且可以应用于生活；而有些文章所传达的信息可能需要你思考、讨论或者记录。每篇文章的末

---

　　[1]　Thoreau, H.（1854/1962）. *Thoreau: Walden and Other Writings*, J. W. Krutch, ed. New York: Bantam Books, Inc.

尾都列出了一些（或一个）追踪问题，为理解其中的观点提供指导。我们鼓励你针对每篇文章至少回答其中的一个问题。

　　在这三个部分的结尾处都设有应用练习。这些练习应用并拓展了相应部分的主要观点。完成这些练习将有助于你把自己所学到的与你的实际生活相结合。

针对老师

　　本书中的绝大部分文章都适合作为阅读理解素材给学生讲解。老师们可以根据自己的讲课风格，把这些文章运用到小组或大组讨论、学生作业或者相关主题研讨中去。有些文章由一些短篇组成，以对主题做进一步阐释，并扩展文章中的观点，给读者更深层的思考空间。有些学生可能不需要指导，或者只要老师点到即可，但有些学生在文章的理解上可能需要大量辅导。

目录

第一部分

人际关系

　　想象一下，如果生活中没有了其他人会是何种情形。有时候，我们需要安静独处，那是因为我们可以这样选择。如果没有和生活中的其他人不断的接触，我们所认为的典型的人类活动将不可能进行。观察一个从小在与世隔绝的状态下长大的人就可以看出：他在语言、情绪表达上表现出了巨大的缺陷，而且明显缺乏成熟、持续的人类互动的能力。

　　我们绝大部分人都不能脱离周围人的影响，即使我们独自一人时也一样——我们会想到他们；我们想知道他们正在做什么，想知道他们是不是也在想念我们；我们甚至会生他们的气；我们或许会感到孤独。这类重要的关系难以割舍，它们巨大的影响甚至在他们去世之后仍旧弥漫在我们的生活中，久久不散。

　　我们人类间的互动随着关系的类型、强烈程度、频率和持续时间的不同而不同。你可以通过制定一个人际关系网而清楚地看到这些因素。在一张白纸的中间画一个点，用这个点代表你。然后从这个点向四周画线，分别标上亲属、朋友、同事、老师、专业人员、权威人士、社会团体、邻居、熟人、英雄、导师、行为榜样、恋爱的对象、不喜欢的人，以及其他关系类别。当你把许多名字写在线的另一端时，你就会发现你生活中有多少时间用在人际关系上。而你，也是许多其他人的关系网络中的一员。

　　置身于人群中需要爱和归属感。我们生活中的大部分时间都耗费在极力满足这两种需求上。亚伯拉罕·马斯洛（1968）这样评论："除非某个人被其他人完全接受、关爱和尊重，否则他的心理不可能健康。"（p. 196）

这一部分所选取的阅读文章代表了我们人类关系中最为重要的一部分。

➤ 在《肩膀》一文中，尼尔森·古德解释了怎样依靠一个巨大的肩膀网络，使我们成为现在的自己。

➤ 在《亲密关系选择》一文中，亚伯·阿可夫概括地论述了成对（或不成对）的模式。

➤ 约翰·戈特曼和南·西尔弗在《恩爱过一生》一文中讨论了有效和无效婚姻的动力。

➤ 汤姆·基廷的《天有不测风云》一文描述了充满聚与散的一天。

➤ 在《金钱与婚姻》一文中，戴安·黑尔斯探讨了在婚姻关系中处理金钱冲突的问题。即使没有结婚的伴侣也会发现这篇文章很有趣。

➤ 在《亲密关系》一文中，尼尔森·古德总结了超级关系、性和网恋的观点。

➤ 有关电子邮件引发的兴奋与困难的关系问题在梅根·道姆的《网恋》一文中得以详细探讨。

➤ 朱迪思·维奥斯特则在她的文章《朋友的类型》中讲述了"六类朋友"。

➤ 马克·默曼在《逝去的友情》一文中谈到了过去的朋友们。

➤ 尼尔森·古德在《朋友》一文中讲述了同性和异性朋友的故事。

➤ 在《为人父母》一文中，马丁·谢巴德探讨了不再依赖父母并将他们当作独特个人的观点。

➤ 尼尔森·古德在《成年早期的选择》一文中探讨了年轻人找朋友、独立生活、与父母生活等问题。

➤ 在《手足情深》一文中，尼尔森·古德总结了兄弟姐妹间的亲情在人类发展中的作用。

➤ 在《良师》一文中，尼尔森·古德概述了有效指导的特征。

➤ 大卫·约翰森在《化解冲突》中说明了化解冲突的策略。

➤ 尼尔森·古德在《道歉的艺术》一文中详述了道歉的指南。

➤ 在《错过的万圣节》一文中，尼尔森·古德讲述了一位他喜欢的老师的故事。

● 参考文献 ❱

Maslow, A. H. (1968). *Toward a Psychology of Being*. New York: Van Nostrand Reinhold Co.

肩膀

尼尔森·古德

　　记得好像在我6岁的时候，我的父母第一次带我去看节日游行。站在拥挤的巨人中间，我能看到的除了人们的大腿，就是他们的皮带扣。乐队、花车、滑稽的小丑，我通通看不见。"我看不见！我要看！"我大喊着。然后，一双强而有力的手臂将我举过人们的头顶。我在这个露天剧场里找到了最好的位子——爸爸的肩膀。他看起来一点儿也没介意我在兴奋地欢呼时差点把他勒死。

　　两个星期以前，我带领一些大学生参加了拓展训练（outward bound initiatives）改进课程。其中一项任务是越过一面几乎垂直的、高达4米的墙，要求是只能用他们的大脑和身体。经过一段时间的讨论，他们决定先让两个人站在墙根下。然后让桑迪爬过他们的肩膀。桑迪努力伸长双手，但是距离墙头还有15厘米。于是被她踩在脚下的两个同学用手托起她，直到她可以够到墙头并爬过去。其余的同学都为桑迪鼓掌欢呼，但没有一个人为下面两个被踩脏了衣服和肩膀酸痛的同学喝彩。

　　只有靠着别人的肩膀才能看见游行，才能爬过高墙。肩膀还有许多其他表现形式，比如教学、模范和导师，以及其他人过去的努力等。伟人们都能坦然承认肩膀的作用。爱因斯坦曾经说过："我每天都多次意识到我的生活建立在许多人劳动的基础上，他们当中有的健在，有的已经故去。"艾迪·罗宾森在那次为他赢得大学"橄榄球最成功教练"的比赛即将开始之前，对他的队员说："这项纪录是由一些像你们一样的人在过去的40年中创造出来的。"

　　那么，为什么我们中的绝大部分人大多数时候忘记了我们站在别人的肩膀上呢？看起来，一旦我们打好了基础，我们就把他们从清醒的意识中抹掉了。我们的注意力完全聚集在目前的奋斗、没有达到的目标和永不满足的需求上。成功被当作一个人拥有聪明才智、具备坚韧不拔品质的必然结果，也可能被认为是因为运气好所致。偶尔，我们或许会为那些被我们踩在脚下的人叫好，但通常这都是些不得不做的姿态。当有人问我，我是怎样树立了自己吹小号的特殊风格时，我才回想起，我的回答都集中在个人的努力和练习上。后来的反思揭示了这种回答上的漏洞。我忘记了被我踩在脚下的肩膀。我现在的小号吹奏技巧必须要追溯到妈妈的鼓励——当她听到我在里屋演奏的像杀猪般难听的《威尼斯狂欢节幻想变奏曲》时；还有我的音乐老师亨德利克·柏特卓普，他说小号的音阶就像少年棒球联合会的练习一样重要；还有弗格森，塞弗林森，赫特和曼乔尼。诚实和真正的答案应该承认所有这些人的影响。让你自己尝试一下——只是试着全面解释你能够做好某事的原因。答案将揭开一个被踩在脚下的庞大的肩膀网络。

　　忘记肩膀将导致扭曲、自负的观念。我们重视并奖励自我定向、主观能动性和责任担当。一个健康的人拥有这些特质。但是当这些特质被夸大到与实际不相符时，就会出现问题——健康的自主性转变成神经质的自持。一个人逐渐认为自己能够完全依靠自己的聪明才智面对生命中的挑战，甚至认为承认接受别人的帮助是一种"懦弱"的表现，这种想法可能在一段时间里有用，然后就要人们付出代价——有些人开始幻想自己是万能的，或者步入卡伦·霍妮所说的"拟解法"（pseudosolution）的陷阱。这种"我不需要任何人，过去不需要，将来也不需要"的观念驱使个人陷入疏远他人的误区。

在追寻个人成就或能力的过程中受其他人影响，并不会让你失去自身的独特性。实际想法和行动是个人行为，它带有你的标志。而"肩膀"的作用在于，他们可以让你沿着他们以前的足迹继续前行。如果你能够在这样做的时候记住他们，那么你就可以获得一种明确的归属感。甚至能够实现梭罗的提议："如果我全身心地投入研究或者沉思，我必须首先明白，至少我不是站在其他人的肩膀上坐享其成。我必须先从他的肩上下来，让他也从事自己的研究。"

有时候，我意识到我自己也以一些简单的方式存在于这种肩膀网络中。我正在和其他25万名巨人一起观看印第安纳波利斯的500人大游行。乐队、花车和小丑正从面前经过，我听到4岁的儿子大声叫着："我看不见！我要看！"我把他举起来放在我的肩头，而他兴奋得差点儿把我勒死。

● 追踪问题 》

1. 作者认为我们常常忘记其他人对于我们所取得成就的贡献。讨论这在你的生活和其他人的生活中是否真实存在。

2. 有些人认为承认接受别人的帮助是一种"懦弱"的表现。针对这一观点，说说你的想法。

3. 文中引用了梭罗的评论，即一个人必须不时地"从他的肩上下来"，这样后者才能自由地追求自己的生活。针对这一观点，说说你的意见。

4. 作者建议想想你自己的某种技能或成就，然后追根溯源。尝试这一提议，然后报告其他人在其中的作用。

亲密关系选择

亚伯·阿可夫

下面简单列出亲密关系选择的五种模式，其中有一种属于非配对模式。仔细阅读每种叙述，然后补全后面不完整的语句，尽可能多地列出你的理由。如果你不喜欢某一种模式，努力找出它让你喜欢的方面。如果你喜欢某一种模式，努力找出它让你不喜欢的方面。

1.传统模式：一方主要负责养家糊口，而另一方主要负责家务事。

这种模式对我来说很有吸引力，因为＿＿＿＿＿＿＿＿＿＿＿

＿＿＿＿＿＿＿＿＿＿＿＿＿＿＿＿＿＿＿＿＿＿＿＿＿＿＿

＿＿＿＿＿＿＿＿＿＿＿＿＿＿＿＿＿＿＿＿＿＿＿＿＿＿＿

这种模式对我来说没有吸引力，因为＿＿＿＿＿＿＿＿＿＿＿

＿＿＿＿＿＿＿＿＿＿＿＿＿＿＿＿＿＿＿＿＿＿＿＿＿＿＿

＿＿＿＿＿＿＿＿＿＿＿＿＿＿＿＿＿＿＿＿＿＿＿＿＿＿＿

2.角色分担模式：双方平均分担养家糊口的责任和家务劳动。

这种模式对我来说很有吸引力，因为＿＿＿＿＿＿＿＿＿＿＿

＿＿＿＿＿＿＿＿＿＿＿＿＿＿＿＿＿＿＿＿＿＿＿＿＿＿＿

＿＿＿＿＿＿＿＿＿＿＿＿＿＿＿＿＿＿＿＿＿＿＿＿＿＿＿

这种模式对我来说没有吸引力，因为＿＿＿＿＿＿＿＿＿＿＿

＿＿＿＿＿＿＿＿＿＿＿＿＿＿＿＿＿＿＿＿＿＿＿＿＿＿＿＿＿＿＿

＿＿＿＿＿＿＿＿＿＿＿＿＿＿＿＿＿＿＿＿＿＿＿＿＿＿＿＿＿＿＿

3. 角色逆转模式：双方调换养家糊口和做家务的角色。

这种模式对我来说很有吸引力，因为＿＿＿＿＿＿＿＿＿＿＿

＿＿＿＿＿＿＿＿＿＿＿＿＿＿＿＿＿＿＿＿＿＿＿＿＿＿＿＿＿＿＿

＿＿＿＿＿＿＿＿＿＿＿＿＿＿＿＿＿＿＿＿＿＿＿＿＿＿＿＿＿＿＿

这种模式对我来说没有吸引力，因为＿＿＿＿＿＿＿＿＿＿＿

＿＿＿＿＿＿＿＿＿＿＿＿＿＿＿＿＿＿＿＿＿＿＿＿＿＿＿＿＿＿＿

＿＿＿＿＿＿＿＿＿＿＿＿＿＿＿＿＿＿＿＿＿＿＿＿＿＿＿＿＿＿＿

4. 同居模式：双方生活在一起，但没有正式结婚，而且可能没有意愿要孩子或白头偕老。

这种模式对我来说很有吸引力，因为＿＿＿＿＿＿＿＿＿＿＿

＿＿＿＿＿＿＿＿＿＿＿＿＿＿＿＿＿＿＿＿＿＿＿＿＿＿＿＿＿＿＿

＿＿＿＿＿＿＿＿＿＿＿＿＿＿＿＿＿＿＿＿＿＿＿＿＿＿＿＿＿＿＿

这种模式对我来说没有吸引力，因为＿＿＿＿＿＿＿＿＿＿＿

＿＿＿＿＿＿＿＿＿＿＿＿＿＿＿＿＿＿＿＿＿＿＿＿＿＿＿＿＿＿＿

＿＿＿＿＿＿＿＿＿＿＿＿＿＿＿＿＿＿＿＿＿＿＿＿＿＿＿＿＿＿＿

5. 单身模式：一个人独自生活。

这种模式对我来说很有吸引力，因为＿＿＿＿＿＿＿＿＿＿＿

＿＿＿＿＿＿＿＿＿＿＿＿＿＿＿＿＿＿＿＿＿＿＿＿＿＿＿＿＿＿＿

＿＿＿＿＿＿＿＿＿＿＿＿＿＿＿＿＿＿＿＿＿＿＿＿＿＿＿＿＿＿＿

这种模式对我来说没有吸引力，因为＿＿＿＿＿＿＿＿＿＿＿

＿＿＿＿＿＿＿＿＿＿＿＿＿＿＿＿＿＿＿＿＿＿＿＿＿＿＿＿

＿＿＿＿＿＿＿＿＿＿＿＿＿＿＿＿＿＿＿＿＿＿＿＿＿＿＿＿

确定你自己喜欢的模式，然后详细说明你这样选择的原因。

恩爱过一生

约翰·戈特曼　南·西尔弗

有研究发现，第一次婚姻在40年中以离婚收场的概率是67%，其中半数以上的离婚事件发生在结婚的头7年。有些研究发现，第二次婚姻的离婚率比第一次婚姻的要高出10%。离婚率居高不下，因而所有已婚的夫妇都应该意识到——包括那些对当前婚姻关系满意的夫妻——要为自己的婚姻投注更多努力，以保持婚姻的和谐。

婚姻破裂的一个最令人感到伤心的原因是夫妻双方都没有意识到它的重要性，而等他们明白的时候一切都已经太晚了。只有在离婚协议上签字、财产分割完毕、需要独自支付公寓的租金时，他们才真正意识到当自己放弃对方时，都失去了些什么。人们常常把一桩好的婚姻视为理所当然，因而没有给予它应得的和必需的培养和尊重。

友情与斗争

我研究项目的核心是个非常简单的事实，即幸福的婚姻是建立在深厚的友谊之上的。我这样说的意思是指要对彼此的陪伴表示尊重和欣赏。夫妻之间应该相互了解，比如他们非常清楚对方的好恶、个性及怪癖、希望和梦想。他们相互尊重、表达关爱——不仅仅在大的方面，还在每天的生活琐事中表现出来。

就拿任劳任怨的纳撒尼尔来说，他经营着自己的进口公司，每天的工作时间都很长。或许在别人的眼中，他的时间安排对婚姻来说是个很大的不利因素。但是他和妻子奥莉维亚找到了很多可以随时保持联络的办法。他们每天都要不时地通个电话。当奥莉维亚约好去看医生时，纳撒尼尔会记得打电话问她情况如何。当他和一位重要的客户见面时，奥莉维亚会打电话问问进展如何。当他们晚餐吃鸡肉时，她会把两只鸡腿都给他，因为她知道丈夫最喜欢吃鸡腿。而当纳撒尼尔在星期六早晨给孩子们做蓝莓饼时，他会记得不在妻子的那份上放蓝莓酱，因为他知道妻子不喜欢吃这个。还有，尽管纳撒尼尔不信教，但他还是会在每个星期天陪奥莉维亚去教堂，因为这对她来说很重要。虽然奥莉维亚不喜欢和亲戚们频繁往来，但她还是和纳撒尼尔的妈妈和姐妹们建立了良好的友情，因为她知道家庭对他来说意义重大。

尽管这些单调而且平淡无奇的琐事听上去没什么大不了的，但实则不然。奥莉维亚和纳撒尼尔正是通过这些细小却重要的方式保持着夫妻间的友谊的，而这是他们相亲相爱的基础。结果显而易见，和那些不断以浪漫的假期和奢华的结婚周年礼物点缀自己的生活却忽略了日常生活中相互关心的夫妻相比，他们的婚姻充满了更多的热情。

友谊浇灌了爱情的花朵，因为它为你对配偶的对抗情绪提供了最佳屏障。正是因为纳撒尼尔和奥莉维亚维持着坚定的友谊，所以尽管在婚姻生活中出现了不可避免的争执和愤怒情绪，他们体验到的却是所谓的"积极情感忽视"（positive sentiment override）。"积极情感忽视"的意思是指他们对彼此和婚姻的正面看法根深蒂固，因此他们能够排除负面的情感。要让他们失去夫妻间应有的平衡，得有非常严重的冲突。他们的积极性让他们对彼此和婚姻感到乐观，一起假设他们生活中积极的事情，让彼此从中受益。

重新发现或重建夫妻间的友谊并不能预防双方发生争执。但是，这为阻止争吵变得一发不可收拾提供了一种秘密武器。我们来看看奥莉维亚和纳撒尼尔是怎样处理争执的。当他们计划从城区搬到郊区后，他们之间的关系越来越紧张了。尽管他们就该买哪所房子、怎样装修达成了一致，但是在买新车这个问题上出现了争执。奥莉维亚认为他们应该完全融入郊区的生活，所以想买一辆房车。纳撒尼尔则闷闷不乐，坚持要买辆吉普车。他们越是讨论这个问题，说话的嗓门儿就越高。如果你是他们卧室里的一只苍蝇，你一定会严重怀疑他们是否会和好。突然间，奥莉维亚把双手放在屁股上，然后开始惟妙惟肖地模仿他们4岁大的儿子的表情——伸出舌头。因为纳撒尼尔知道她决心已定，所以他先伸出了舌头。随后，夫妻二人开始放声大笑。就像往常一样，这种愚蠢的竞赛缓和了他们之间的紧张。

在我们的研究中，我们其实已经为奥莉维亚和纳撒尼尔的行为找到了一个合适的技术名称。他们可能在毫不知情的情况下运用了"感情修复尝试"（emotion repair attempt）。这一名词指代所有阻止消极性升级为失控的语言或行为——无论是愚蠢的还是其他类型的——的尝试。感情修复尝试是聪明的夫妻所运用的秘密情绪武器，虽然很多夫妻并没有意识到他们所做的竟然拥有如此强大的威力。当一对夫妇拥有牢不可破的友谊时，他们自然而然地就成了向对方传达感情修复尝试信息并能够正确解读对方信息的专家。但是当夫妻双方被负面的情绪淹没时，类似"嘿，对不起"这样直接的和好言论的成功概率都很小。

夫妻间感情修复尝试的成功与否是决定他们婚姻美满或失败的一个主要因素。而需要再次强调的是，决定双方感情修复尝试成功与否的因素是夫妻之间的友谊力量。如果这听上去过于简单或显而易见，你应该看看前面的例子，然后就会知道事实并非如此。强化夫妻之间的友谊不仅需要类似"对他（她）好"这种基本行为。即使你认为你们之间的友谊已经非常坚固，你还是会惊讶地发现仍有一些地方需要去加固。绝大部分参加我们研讨会的夫妻在听到"几乎每个人在夫妻间的冲突中都有搞砸的时候"时松了一口气。其实其中最主要的问题是感情修复是否成功。

在最为稳固的婚姻中，夫妻二人有着很强的共识。他们不仅"相处融洽"，而且支持对方的希望和梦想，并将这作为他们共同生活的一个目标。这才是我所说的尊重和欣赏的真正含义。

通常，一段婚姻没能做到这一点，主要是因为夫妻双方发现自己身陷一次又一次毫无意义的争论，或者在婚姻生活中感到孤独。在观看了无数夫妻间争吵的影像资料之后，我能够向你保证，夫妻间的绝大部分争吵其实不是关于马桶的盖子是不是被放下来了，或者该谁倒垃圾这样的问题，而是更深、更为隐蔽的问题——它们导致了这些表面上的冲突，并让这些冲突看起来远比其应有的程度更为激烈和有害。

一旦你明白了这一点，你就可以接受婚姻中最令人惊讶的一个事实：夫妻间的绝大部分争论是没有办法解决的。夫妻双方为了改变配偶的想法，努力了一年又一年，但是一无所获。这是因为他们绝大部分争论的根源是生活方式、个性和价值观上的根本差异。就这些差异进行争吵，结果就是浪费他们的时间，毁了他们的婚姻。

这并不是说如果夫妻之间的关系矛盾重重，他们就束手无策。但是这的确说明典型的冲突—解决建议并不适用。而你需要明白导致夫妻之间冲突的基本差异，知道应该学会通过尊重和欣赏的方式来容忍这种差异——只有这样，夫妻双方才能在婚姻中达成共识并确立共同的目标。

苛刻的开始

当讨论以一种带有批评、讽刺，或轻蔑的方式开始时，也就是以一种"苛刻的方式"开始（harsh start up）。举例来说：尽管戴拉对奥利弗说话的口气非常温和、平静，但是她的言语却充满了否定的力量。在听了他们对话最开始的几分钟之后，我就能够毫无意外地断定戴拉和奥利弗的这次对话根本消除不了两人之间的分歧。研究显示，如果夫妻对话以一种苛刻的方式开始，那么将不可避免地以一种否定的口气结束，尽管双方都尽力在"示好"。统计结果表明：根据一段15分钟对话的前3分钟就可以预见这次对话的结果，准确率高达96%！单单一个苛刻的开始就能够预示对话的失败。因此，如果你以这种方式开始讨论，那么你或许需要停下来，休息一会儿，然后重新开始。

四骑士

如果任由某些负面情绪横冲直撞，那么它们对夫妻关系的影响将会是致命性的，我将这些负面情绪叫作"四骑士"。这四个骑士通常以下列顺序闯入婚姻生活的中心：批评（criticism）、轻蔑（contempt）、辩护（defensiveness）和冷战（stonewalling）。

骑士一：批评

你总是对和你一起生活的人有些怨言。但是抱怨和批评是两种截然不同的概念。抱怨只说明了你的配偶没能做好的某个特定行为，而批评则更为广泛——向配偶的特质或人格添加了负面的评注。举例来说，"你昨天晚上没有打扫厨房，我真的很生气。我们说好了轮着做的"，这是抱怨；"你怎么这么健忘？我讨厌在该你打扫厨房的时候，却一直要我自己做。你根本就没上心"，这是批评。抱怨通常针对的是某个特定行为，但批评则上升了一层——在指责对方，并伤及对方的人格。将抱怨转化成批评的简单秘诀是，在里面加上我最喜欢的一句，"你怎么回事？"。

骑士二：轻蔑

戴拉没有停止批评奥利弗的意思。很快地，她开始了从口头上挖苦他。当他建议他们可以把他负责的家务内容列成清单贴在冰箱上，以便帮他记住时，戴拉说："你觉得自己真的会按照清单上的去做吗？"奥利弗随后告诉戴拉，在下班回家后，他自己需要15分钟放松，然后再开始做家务。"那么，如果我给你15分钟，让你一个人休息，这样你认为你就会有动力跳起来做事了吗？"她问。

"或许吧。我们以前没试过，对不对？"奥利弗反问。

本来戴拉在这儿有个缓和的机会，但是她没有把握住，反而嘲讽地回应道："我认为你回到家之后的表现很不错——不是随便一躺，就是消失在浴室里不见人影。"紧接着她又挑衅似的问道："所以你认为给你15分钟就行了？"

这种挖苦和讽刺就是轻蔑的表现，此外还有指名道姓、翻白眼、讥笑、嘲弄和敌视的幽默。不论以哪种方式，作为四骑士中表现最为恶劣的轻蔑都将毒害夫妻间的关系，因为它传递出了厌恶感。让你的配偶接收到你厌恶他（她）的信息，这实际上根本就不可能解决问题。毫无意外地，轻蔑会导致更加严重的冲突，而不是和解。

轻蔑来自对配偶长期酝酿的负面想法。如果夫妻之间的差异没有调和，他们就更有可能产生这种想法。毫无疑问，当彼得和辛西娅第一次为钱发生争执时，彼得并没有表现得特别失礼。他或许只是单纯地抱怨了一句类似"我认为你应该自己洗车。总是让别人洗车很费钱"的话。但是随着他们不断就此事进行争执，他的抱怨转化成一种全面的批评，他说："你总是花很多钱。"而当冲突继续时，他觉得越来越难以容忍，而且烦透了辛西娅，这种变化影响了他们争论时他所说的话。

好斗是轻蔑的近亲，这对夫妻关系来说也是致命的。好斗是一种攻击性怒气，因为其中包含了一种威胁和挑衅。当一位妻子抱怨丈夫到吃晚饭时间还没有下班回家时，好斗的回应口吻是："没错，你打算怎么样？"当彼得对辛西娅说"你打算怎样，控告我吗？"时，他认为自己在开玩笑，但是他真正表现出来的却是好斗。

骑士三：辩护

毫不意外，鉴于丈夫的蛮不讲理，辛西娅开始为自己辩护。她指出自己并没有像他想的那样总去洗车。她解释说，自己洗车很费体力，她不像彼得那样能够轻松地洗自己的卡车。

尽管辛西娅为自己辩护的举动可以理解，但是研究显示，这种方式很少能够取得预期的效果。攻击的一方不会放弃自己的主张或者道歉。这是因为辩护属于责备对方的一种方式。你其实是在说："问题不在我身上，而是出在你身上。"辩护只能让冲突升级，这就是它之所以致命的原因。当辛西娅告诉彼得她自己洗车如何困难时，彼得并没有说："哦，现在我知道了。"他根本没有理会她的申辩，他甚至没有听进去她说了些什么。他更加坚定地捍卫自己的立场，他告诉辛西娅，自己能够很好地照顾自己的车，并暗示她被宠坏了，因而不愿意做同样的事。在这场辩论中，辛西娅没有赢，他们的婚姻也没能赢。

批评、轻蔑和辩护并非总是严格地以这种顺序闯入一个家庭。它们的作用就好像一场接力赛：不停地将接力棒传递给另一个，依次往复——除非夫妻双方能够停下来。随着奥利弗和戴拉继续讨论打扫房间的问题，你就能够更加清楚地看到事情的发展。尽管他们看上去好像在寻找一种解决方案，但是戴拉的口气变得越来越轻蔑：以反问的方式嘲笑奥利弗，并逐条驳斥奥利弗的提议。奥利弗越为自己辩护，她就越攻击他。她的体态语言都显示出轻蔑。她说话很轻柔，她的手肘支在桌子上，交叉的双手支撑着下巴，就像一位法学教授或法官。她连续发问，只是为了看他坐立不安。

骑士四：冷战

在戴拉和奥利弗的婚姻中，讨论以苛刻的形式开始，随后批评和轻蔑导致了辩护，而后又引出了更多的轻蔑和辩护，最终，夫妻中的一方沉默下来。这就预示着情况进展到了第四个阶段。

想想看，丈夫下班回家，扑面而来的是妻子的一顿批评，随后丈夫拿起报纸，躲了起来。他越是没有反应，她越是生气地喊叫。最后他起身，离开了房间。丈夫没有选择面对妻子，而是选择了躲开。借着躲开妻子，他避开了一场争吵，同时避开了自己的婚姻。他成了冷战者。尽管丈夫和妻子都可能成为冷战者，但是这种行为在男性中更为常见，我们将在下面解释其中的原因。

在一段典型的两人对话中，倾听人应该给予说话人各种线索，让他（她）知道自己在注意听。这些线索包括眼神接触、点头、说一些类似"是的"或者"嗯哼"的话。但是冷战者不会给予任何上述回馈。他总是把脸转过去或者看地板，而且不吱一声。他就像一道冷漠的石头墙一样坐在那里。冷战者的行为表明他好像根本不关心对方说了什么，甚至都没听见。

冷战出现在一段婚姻中的时间通常比其他三个骑士晚。这也就是这种现象很少出现在新婚夫妇中丈夫（比如奥利弗）身上的原因。而冷战在已经身处负面旋涡中有一段时间的夫妻中则相对常见。前面三个骑士所带来的负面情绪需要一段时间才能变得难以抵挡，而它们最终导致冷战"浮出水面"，这是可以理解的。这种情况的例证就是当马克和妻子丽塔在争论彼此在舞会上的行为时，马克所表现出来的样子。丽塔认为问题出在马克喝酒喝得太多上。马克则认为最大的问题是丽塔的反应——她在朋友面前对他大喊大叫，让他难堪。他们非常激烈地讨论着这个问题：

丽塔：现在，我又成了问题。开始抱怨的人是我，但是现在我居然成了问题。事情总是这个样子。

马克：对，我是那么做了，我知道。（停顿）但是你的坏脾气和幼稚让我和我的朋友们感到难堪。

丽塔：如果你不能控制自己在舞会上喝酒，那就请你……

马克看着地板，避开眼神接触，一句话都不说——他开始冷战。

丽塔：因为我以为（笑）在绝大部分时候，我们相处得很不错，真的（笑）。

马克继续冷战，仍旧一言不发，没有眼神接触、点头，或者面部表情。

丽塔：你不这么认为吗？

马克没有反应。

丽塔：马克？喂？！

看起来丽塔的抱怨对马克没有任何作用。但是这就是事实。通常人们把冷战当作武器以保护自己不被情绪所淹没。淹没意味着你的配偶的负面情绪——无论对方表现出的是批评、轻蔑，还是辩护的姿态——如此强大，而突然间，这一切让你感到不堪一击。你觉得自己无力对这个狙击手的攻击进行还击，所以你要学着做其他事来避免这一切再次发生。对于配偶的批评或轻蔑越是感到窒息，你就越是会对配偶即将再次对你进行"炮轰"的蛛丝马迹保持高度警觉。你想的全都是如何保护自己免遭配偶攻击指责的洪流。而这样做就表明你将从这段关系中躲开。也难怪马克和丽塔以离婚收场。

另一位丈夫保罗，则非常明确地说出了当面对妻子艾米的负面指责时自己采取冷战方式的原因。在下面的讨论中，他说出了所有冷战者的感受。

艾米：每当我生气时，也就是你应该开始介入并努力让情况好转的时机。可是你却停下来一言不发，这样做的意思就是"我再也不管你是怎么想的"。而这更让我感到火冒三丈。好像我的观点或感觉跟你毫无关系。这不是正常婚姻该有的方式。

保罗：我要说的是，如果你打算来一次严肃的对话，你就需要严肃对待，而不是一直在大喊大叫。你开始说一些很伤人的事情了。

艾米：那是当然，当我感到受伤、生气的时候，我就想要伤害你，所以我就开始说些乱七八糟的事。那个时候我们两个都应该停下来。我应该说"对不起"，而你应该说，"我知道你想谈谈这个问题。我真的应该努力和你谈谈，而不是一味地忽视你"。

保罗：我们会谈的——

艾米：那正合你意。

保罗：不是的，当你不再大喊、尖叫或跳着跺脚的时候，我们会好好谈谈的。

艾米不断告诉保罗当他闭口不言时她作何感受。但是看上去她好像没听到保罗告诉她为什么他会闭嘴：他无法应对她的敌意。这对夫妇最后也离婚了。

一段婚姻的彻底破裂是可以预见的：由习惯性的苛刻开始，双方在争执中被四骑士的无情出现而带来的大量情绪所淹没。其中的每个因素都能够预见离婚；并且在一段不幸的婚姻中，这些因素通常都存在。

你的婚姻中存在这种模式并不能注定你也会在不久之后离婚。实际上，你也会在稳固的婚姻中发现四骑士和偶尔的"情绪淹没"的例证。但是当四骑士永久地安营扎寨之后，当配偶常常感到被负面情绪所淹没时，婚姻关系就面临严重的问题了。频繁地感到被负面情绪所淹没几乎不可避免地导致配偶彼此疏远，然后他们会感到孤独。如果没有采取必要的措施，那么这对夫妇终将以离婚收场，或者他们的婚姻将名存实亡：他们生活在同一个家中，却保持独立，过着各自的生活。他们可能做出一致性动作，比如出席孩子的比赛、举办宴会、全家一起度假等。但是从情感上来讲，他们彼此之间不再有任何联系。他们已经放弃了。

感情修复尝试

　　四骑士和负面情绪淹没需要一段时间才能达到破坏婚姻的效果。然而，在倾听新婚夫妇的某次对话之后，我们一般也可以预测到他们是否会离婚。为什么会这样？答案就在于分析夫妻间的争执：通过分析，你就会完全了解他们所遵循的模式。这一模式的关键部分是他们的感情修复尝试能否成功。感情修复尝试是夫妻双方所做出的共同努力（比如"我们暂停""等等，我需要冷静下来"），避免敏感讨论中的紧张状态升级，踩一下刹车，阻止负面情绪的泛滥。

　　感情修复尝试能够挽救婚姻，不仅是因为它缓和了夫妻之间的情绪紧张，还因为它降低了压力的等级，阻止了心情激动和让自己被负面情绪所淹没。当四骑士控制了夫妻间的沟通时，感情修复尝试通常被忽视。特别是当你感到被负面情绪淹没时，你听不出来对方的讲和言辞。

　　在一桩不幸的婚姻中，四骑士和失败的感情修复尝试交替往复。夫妇间的轻蔑和辩护越多，二人被负面情绪所淹没的频率越高，他们就越难听到感情修复的声音，并对其进行响应。也正因为没有听到感情修复的声音，所以轻蔑和辩护愈加突出，负面情绪淹没也更为严重，从而导致彼此更难听到接下来的感情修复尝试，直到最后，其中一方放弃。

　　在聪明的夫妻中，我听到了许多成功的感情修复尝试。每个人都有自己的独特方式。奥莉维亚和纳撒尼尔伸出他们的舌头，其他夫妇大笑、微笑或说"对不起"，甚至愤怒地说"嘿！别再对我大喊大叫"或者"你跑题了"，都能缓解紧张的局势。所有这类感情修复尝试都能保持婚姻的稳定，因为它们一劳永逸地阻止了四骑士的闯入。

分享意图

但是，一段美满的婚姻不仅仅在于回避冲突。夫妻之间越能够认同彼此生活的基本原则，婚姻就越有可能丰富多彩、有意义、轻松融洽。当然你不能强迫自己完全认同配偶的观点。但是如果你们能够对彼此的看法保持坦诚的心态，那么针对这些问题的一些共同看法很可能将自然而然地浮现出来。因此，婚姻的一个至关重要的目标是创造一种氛围——夫妻双方互相鼓励，真诚地谈论各自的信念。你对待配偶越是坦诚、尊重，就越有可能让双方的意图融合。（更多有关本文观点的内容，请参阅约翰·戈特曼与南·西尔弗合著的《恩爱过一生——幸福婚姻7原则》。）

● 追踪问题 ）

1. 从文章中选择两个观点，然后说明它们的含义和应用。

2. 选择目前关系中的一种负面关系因素，并努力减少其影响。

3. 努力在目前的关系中运用"感情修复尝试"的概念，并报告结果。

4. 完成本部分结尾的应用活动中的"爱情地图"，然后说明你学到的知识。

天有不测风云

汤姆·基廷

大雨倾盆而下，但是那对手拉手的年轻男女，在闪身进入特拉华大街市政府大楼入口的旋转门时根本没有注意到。

暴风雨，就算是龙卷风，对婚礼来说也不是什么大不了的问题。

他们一边甩掉头发上的雨水，一边笑着，在大厅里连蹦带跳，在一起走上通往地下室的扶梯时，不时地看着对方傻笑。

年轻的男人20岁，女人只有18岁。

他们和其他年轻夫妇没有什么区别，除了他们身上穿着最好的衣服，而且看上去好像刚刚发现了世界上最大的秘密。

他们在地下室遇到了另一对更加兴高采烈的年轻男女。男人们握着手，女人们则互相拥抱并亲吻着面颊。

在几分钟兴奋的谈话之后，他们全都聚集到市政官员议事厅等待仪式开始。

在他们头顶上的六层，一位面色紧张、神情疲惫的女人站在法庭的一端，而另一端站着一个身材魁梧的男人——几分钟之前，他还是她的丈夫。他们专心地听着法官宣读最后的离婚判决。

法官解释了他们从现在开始将各自生活的具体细节。

他重复了这对夫妇轮流抚养3个孩子的方式和时间、需要分割的钱财和分割的具体日期，以及谁应该保留他们结婚9年来的共同资产。

他30岁，而她28岁。

在离婚的过程中，妻子指控丈夫精神虐待和不忠。而丈夫并没有进行辩解，也没有指责妻子，但是他私下里曾说过，二人婚姻的破裂应该归罪于妻子。

这对男女对于将他们个人的失败公之于众感到些许尴尬。因此这次离婚处理得很冷静。

等法官宣读完毕后，男人看了看曾经的妻子。他很想嘲笑她一番，但最后只是淡淡地看了一眼——带着深深的厌倦。女人对法官礼貌地点头表示感谢，然后看向丈夫的脸，好像希望见到他能够在最后一分钟改变心意。

当法庭宣判结束后，夫妻二人各自站在空荡荡的走廊上，跟自己的律师小声地交谈着。几分钟后，女人走到男人身边，现在他已经是她的前夫。

"那，再见了，希望你能幸福。"她说。

"我会的，不用担心。"他回答。

不过停了一下，他想了想自己的回答，然后又说："嗯，我也希望你能幸福。我不知道为什么会这样，但是我想分开对我们来说更好。"

"当然，我也这么认为，没错。"她说着，挤出一个笑容。

随后，男人转过身，穿过走廊，走到一个穿着亮蓝色连衣裙的年轻女人身旁，她一直坐在长椅上等他。他们低声交谈了一会儿，然后走上一部扶梯，不见了身影。年轻女人在笑，男人却没有。

前妻看着他们一起离开后深深地叹了一口气，耸耸肩，随后独自走上另一部扶梯。

在大厅，那对新婚夫妇正盯着玻璃门外的大雨，发表着只有在年轻、未经人生变故时才会有的观点。

"我喜欢暴风雨，你呢？"女孩问。

"那我们走吧。"她的丈夫说，然后揽住她的腰，和她一起冲进人行道。没走几步，他们就停下来，然后赶紧靠在一根柱子上，很明显，他们注意到自己全身都被淋湿了。

几分钟后，那位刚刚离婚的女人从同一扇玻璃门里向外看。

"这是我一生中碰到的最糟糕的天气，但是，那又怎么样呢？我可能会感冒。"她说着。

然后她走出去，经过人行道上的那对年轻夫妻，但是没有注意到他们。她低着头，仔细看着地上的水坑。

● 追踪问题 ）

1. 刚刚离婚的男人对前妻说："我不知道为什么会这样，但是我想分开对我们来说更好。"他们结婚9年。为何这段关系破裂了，而他们却不知道究竟哪里出了问题？你认为这对刚刚离婚的夫妇9年前是不是和那对新婚夫妇很像？说说你对这些问题的看法。

2. 写下或者讨论这篇文章引发的所有其他想法。

金钱与婚姻

戴安·黑尔斯

  无论一对夫妇是富有还是贫穷，也不论他们是拥有两份稳定的收入还是一份不固定的收入，他们大部分的争吵都和钱有关。而当手中的钱紧张时——这种情况现在越来越常见——针对预算的斗争就越来越多。

  "当夫妻双方不得不设定优先权时，必然有一方需要放弃一些东西，这就导致了争执的出现。"《夫妻与金钱：金钱干扰爱情的原因及对策》一书的作者维多利亚·富尔顿-柯林斯解释说。夫妻一旦开始为钱吵架，情况就会变得很不愉快。维多利亚认为："钱就像一块磁铁，它吸附了我们生活中的所有挫败。"

  虽然情况不一定会到这一步，但是在夫妻停止争吵之前，必须先探究金钱之外的问题。维多利亚提出："钱是权力、自由、自尊和爱情的代名词。如果你们打算不再为钱起争执，就必须理解你和自己的配偶对金钱的看法和用钱的方式。"

  下面我们来看几个真实的案例，其中的名字已经根据要求做了改动。我们看看这几对夫妇是怎样处理这类情况的：

"如果我丢了工作，那我还有什么用？"

　　尽管内德是位已经拥有15年工龄的资深员工，但是在公司被转售之后，他还是被解雇了。一开始，他和妻子帕姆都很庆幸他还有帕姆的一份薪水。但是，当内德在几个月寻找工作未果之后，他开始说些酸溜溜的话。他抱怨说："在没有得到老婆大人的同意前，我一毛钱都不能花。"帕姆也开始不满。她说："我拼命加班，为的就是还贷款和支付吃穿用度的账单。所以当我晚上下班回家的时候，我希望觉得值得。"

　　丢掉工作对自尊心和收入来说都是个不小的打击，对男人来说更是如此，因为他们惯于根据金钱、性和权力来定义自己。当内德失去工作后，他就和许多男人一样，脱离了自己的家庭。帕姆不知道说什么才能让他感觉好一些。内德则把帕姆的沉默当成批评。当他们开始拌嘴时，双方都意识到有些地方出现了问题。

　　维多利亚认为："男人从来不谈论这个，但是当他们的妻子比他们挣钱多的时候，他们会担心自己存在的必要。如果他的家庭不需要他来挣钱养活，男人就会想，家人是不是根本不需要他。"

　　最后帕姆采取主动。她解释说："我告诉内德，我感觉我们现在都小心翼翼的，因为钱的问题太敏感了。我给了内德很多鼓励，后来他开始渐渐地敞开心扉。他觉得自己对这个家没什么贡献，而我告诉他我猜测他知道的所有事情，比如，我们都非常爱他，他是个很出色的丈夫，也是个很好的父亲。我还描述了自己对成为家庭主要经济来源的感觉。他原以为我很享受这种高高在上的感觉，其实我心里恨死它了。"

帕姆和内德还谈论了许多非常实际的问题。内德在失去工作之后没有了收入来源，这让帕姆感到家里所有的财务问题都压到了她的身上。后来内德开始主动管理他们的财务，两个人都觉得好多了。内德还自愿帮助孩子更好地参与学校体育运动和其他活动。"他看到孩子们有多喜欢跟他在一起，这对他的心情转变也起了很大作用。现在我们能够坦白地讨论每件事，我们都意识到我们能够一起度过这段艰难的时期。"

"到底是谁的钱？"

在去年结婚以前，杰克花钱从来不眨眼。他认为："干吗不趁着年轻的时候好好玩乐呢？"现在，每当杰克和朋友们晚上一起出去花个50美元时，妻子露西都会非常生气。她总是问："你怎么能这么自私呢？我们可以用那笔钱来交房子的预付款。"

而杰克总是反问："为什么你要告诉我我该怎么花自己的钱呢？"

当前，超过半数的夫妻都有自己的工作。然而很多夫妻对什么是他的、她的和他们的，在看法上存在很大差别。就拿杰克来说，他只是单纯地认为他自己有权选择如何花"自己"的钱；露西则认为他挣的钱是"他们的"。

露西和杰克最终针对他们的目标和优先权进行了一次长谈。事后，杰克说："我们都想在开始真正的家庭生活之前先买一幢房子。

对我来说，那还有点儿遥远。但是露西认为我们必须从现在开始攒钱，要不然我们永远都无法实现这个愿望。她童年时期一直跟着当兵的爸爸从一个基地搬到另一个基地。对她来说，有间自己的房子是这辈子最大的梦想。当她告诉我这些事后，我就明白了她为什么会对我乱花钱感到不安。"

讨论只是解决问题的第一步。身为注册理财师和萨克拉曼多忠诚投资副总经理的亚历克西斯·米切尔认为："夫妻二人需要协商、讨论，从而达成共识，做出决策，之后还要做出承诺，信守双方的协议。"

对杰克来说，他的底线就是身上带些钱，然后在高兴的时候可以拿出来花。露西则希望能够达成一份真正的协议，以保证达到他们的共同目标。他们的解决方案包括设立三个独立的银行账户：他们二人每人一个，外加一个共同账户。这样一来，杰克可以不用经过露西的同意花自己的钱，露西也一样。但是二人都要从自己的收入所得中拿出75美元存入共同账户，以便支付家庭费用，并开始为买房子存钱。

"为什么他总是透支账户？"

艾丽森细心地记录着自己签字的每张账单。她丈夫史蒂夫则总是忘记要存钱或者记录曾经取过钱。当他们的电话又一次因为没有缴费（账户上没钱）而被切断时，艾丽森大发雷霆："你怎么这么不负责任？"她要求知道原因。

史蒂夫则回答说："我工作很辛苦；我脑袋里想着其他的事。让我休息一下。"

艾丽森和史蒂夫属于财务上"格格不入的夫妻"，她过于挑剔，而他马虎大意。为了预防他们的支票簿再出问题，夫妻二人决定由艾丽森来负责家里的文书工作，而史蒂夫要做的就是把他所有的收据都放到一个鞋盒子里。艾丽森每星期都会整理那些皱巴巴的纸条，然后逐一记录。

这套方案的确有效，因为再也没有发生支票被退回的事件。但是史蒂夫开始想知道钱都花到哪儿去了。"我发现自己完全插不上手，每当我问艾丽森有关余额的情况，她都以防备的口吻回应。"史蒂夫说。

艾丽森则解释她这样做的原因："我们之前说好了，我来收拾他的烂摊子，可他现在却怀疑我。"

为了停止新一轮的争吵，他们又讨论了该怎样安全地控制钱的用度。对于艾丽森来说，保留每张账单能让她感到事情在控制之中。史蒂夫则不关心每笔钱花在哪里，但是他需要知道整体的财务状况。为了让二人都感到满意，他们决定每周开一个小会。

现在艾丽森让史蒂夫每个星期天填写他们的银行账户余额，然后一起决定需要支付哪些账单。当他们有了多余的存款后，喜欢阅读报纸财经版的史蒂夫便开始寻找可能的投资机会。"我做我最擅长的，史蒂夫做他最喜欢的。我们现在一起合作，而不是互相争吵。"艾丽森如是说。

如何避免由钱引发的冲突？

通过事先采取下列这些实用性措施，可以避免许多由钱引发的冲突：

● 不要让缺乏信息交流造成误会。一起检查你们的账目。准备一份简单、真实的财务决算表，这样你们二人就都清楚你们的债务、资产和投资了。

● 讨论你们各自对钱的想法。钱让你感到独立、安全、成功、被爱还是强大？当你为自己花钱或者给其他人钱时，你有何感觉？你最担心的是什么？

● 每次解决一个财务问题。不要试图一次做出预算和所有投资决策。

● 认识到没有报酬的工作的价值。在学校当志愿者的丈夫和在家照看孩子的妻子都应该感到他们的这些贡献和赚取薪水的工作一样重要。

● 设定财务目标并讨论怎样达成这些目标。维多利亚·富尔顿提出："有目的的管理方式通常比偶然性的管理方式更可取。"

● 确定夫妻双方都有一些零花钱，不用征求对方的同意。就算每星期只有10美元都能缓解紧张气氛。

● 将时间花在主要的决策上。心理治疗专家阿琳·莫蒂克·马修斯指出："真正美妙的投资机会应该禁得住仔细推敲。不要迫于压力而匆忙行事。"

● 考虑"假设分析"的情况。例如，如果你丢掉了工作，你要怎么做？如果一位家人身患重病，面对巨额医药费账单，你该怎么办？如果股市崩盘，你要怎样应对？提前计划将让你少些焦虑。

● 询问对方如果自己的渴望得到满足（比如有更多钱、能够随心所欲地花钱），他会有何感觉。苏珊·蒲柏认为："绝大部分人说的是'我感到被爱''我受到尊重'或者'我感到安全'。这种感觉可以帮助人们查明为钱争吵的真正原因。"

"为什么我要向他伸手要钱花？"

詹妮自中学毕业以后一直在工作，直到她的第一个孩子出生。现在她专职在家照看三个孩子，她觉得自己不得不向丈夫开口要钱。她说："如果我跟格雷格要20美元，他就想知道我要拿这些钱做什么。他甚至核对收据，来确定我真的买了尿布。"

而作为销售员的格雷格，他的佣金在不断减少，他认为自己这样做是对家庭负责。"詹妮过去曾经每周花20美元去买化妆品。我们现在有三个孩子，禁不住这样的开销。"他为自己辩护说。

孩子不可避免地改变着夫妻关系间的情感和经济动力。阿琳·莫蒂克·马修斯在《如果我这么看重钱，为何不能解决它？》一书中指出："许多双方都工作的夫妻在有孩子之前，他们在财务方面的生活状态就像室友一样，各花各的。而为人父母让他们感到彼此间的联系更为密切。"

米切尔则认为："那些非常现代、就像生意人一样处理各自钱财的夫妻一旦有了孩子，就会回归传统的家庭模式。开始时，丈夫可能还会带着"他的钱"和"她的钱"的想法；但是当她不再挣钱时，他会认为那全都是他的钱，而且他讨厌她在自己的需要上花钱。"

米切尔敦促初为父母的人多谈谈他们的感觉。就拿詹妮来说，她告诉格雷格，他不和自己讨论钱的事让她觉得自己很没用。当她指责他对自己像对待孩子一样时，格雷格想起了自己的父亲，父亲掌握着家里的财政大权。"当我成了孩子的父亲时，我猜自己也会想，我应该那样做。"他承认了自己的问题。

詹妮和格雷格决定他们都需要明了家里的财务状况。他们用了三个月的时间，记录了每一笔收入，以及这些钱都花在了哪里。这让他们都知道了钱到底花在什么地方了。他们还商量了补贴收入的方式——如果格雷格的佣金继续减少的话。举例来说，詹妮或许可以照看邻居的孩子。他们还商定每星期给詹妮一定金额以贴补家庭开销。

"你怎么能拿着我们的钱去冒险？"

当安迪用2美元的彩票赢得了10美元之后，他又用这10美元去赌马，然后赢了20美元。他以为自己的妻子会非常高兴。谁料妻子丽萨却勃然大怒。"我们现在甚至没钱去买一个新轮胎，你怎么还能去赌博？"她质问。但是当丽萨建议把他们的存款投放到高收益的股票中时，安迪却发火了。他说："我们根本没能力去玩儿股票。你才是家里真正的赌徒！"

风险总是相对的。安迪总是关注赛马，所以他认为自己知道这是种安全的赌博，如他亲眼所见。但是他分不清蓝筹股和扑克筹码的区别，所以股市对他来说远比赛道更变幻莫测。另一方面，在一家投资公司工作的丽萨，见到投入好股票的资金的增长速度远比放在存款账户中的要快得多。

为了停止他们的争执，安迪和丽萨听取了她公司专家的建议：他们需要讨论家里的财务目标，考虑各种切实可行的方式，并努力设想每种方式可能出现的问题。之后，丽萨说道："我们认识到，在某种意义上，安迪是对的——我更像一个赌徒。他不在乎拿出几美元来赌马，但是当涉及大钱的时候，他总是很谨慎。"

最后，他们决定采用多样化方式：把为孩子们接受大学教育的一部分存款拿出来投到高收益的债券上，把另一部分存入银行，把最后一部分放入共有基金。

米切尔认为："夫妻双方应该认识到承担风险不一定是要么全有要么全无的投机。在针对应急所需的存款上，他们需要谨慎；但是应该协商拿出一定比例的钱，比如10%～25%，投入回报更高的投资中。"

"为什么我们无法摆脱债务危机？"

杰森和莫利并没有完全破产，但是他们的信用卡上欠了数千美元。尽管夫妻二人都发誓不再花钱，但是双方依旧不断找到并购买他们难以抗拒的物品。当莫利看到账单时，她大喊："你买一只网球拍为什么要花那么多钱？"杰森则反击："你呢，看看你自己买衣服花了多少吧！"

杰森和莫利属于不受控制的消费者。米切尔指出："他们就像来到糖果店的孩子。"她认为这种夫妻通常需要专业性帮助。莫利和杰森咨询了一位治疗师——她在解决花钱问题方面有着丰富的经验。作为解决问题的第一步，治疗师建议他们把信用卡放在家里。

每人计算一下每天大概需要多少现金，然后只带这个金额的钱出门。"一开始，当我看到非常漂亮的耳环却没有钱买的时候，我都快不行了，"莫利说，"但是当我后来再去那家商店时，我发现它们对我已经没有那么大吸引力了。然后我开始意识到我总是买一大堆东西，只是为了让自己感觉好一些。"杰森也有同感：当他对自己感到没有自信时，就开始冲动地花钱。比如，在拜访一位新客户前，他买了件运动夹克。

杰森和莫利还做了一个表格，列出了他们所有的财产和负债。他们商定在购买新东西之前，每个月固定偿还300美元的信用卡债务。然后，他们采用替代方式提高自己的兴致，比如周末开车到乡村，听公园里的免费音乐会，在比较便宜的餐馆吃饭，等等。"我们还学会了怎样直接表达自己的感受。现在，如果我生气，我就会告诉杰森，而不会再一头冲进商场里购物。"莫利这样说。

"我们怎样才能不再吵架？"

比尔和珍妮因为预算问题已经争吵了很多年，当他们全都退休之后，夫妻二人之间的争执愈加严重了。珍妮声称，比尔把每次对话都引到跟钱有关的争论上。她抱怨说："如果我说下雨了，他就会说他希望房顶不要漏水，因为我们没钱支付修理费——我把钱都花在孙子孙女身上了。他满脑子都是钱钱钱！"而比尔通常的回答是："嗯，总得有人想着这些事吧。"

当争吵一再发生时，危险的话题就不仅仅是金钱问题了。比尔过去曾亲自管理自己的家电维修公司。对他来说，密切关注财务是件好事。但是在退休之后，他把焦点从办公室转移到了家中，而他突然的强行介入让珍妮手足无措。

比尔吝啬的表象下面是对未来的焦虑：他为他们将来的日子攒够钱了吗？如果他们中的一个患了重病怎么办？如果他们的投资出了问题怎么办？他们是不是正面临失去一切的危险？

最后珍妮问比尔他为什么这么在意每一分钱。当他含糊地说出他们只有固定收入时，珍妮又询问了细节。随后，珍妮明白了比尔的焦虑，她建议两个人找位理财师谈谈。最初，比尔不肯向一个陌生人透露他们财务的细节。但是在与理财师会谈之后，他不再忧心忡忡了。

比尔和珍妮之间的争吵平息了一阵子。但是每个细微的危机都可能再度引发二人的口角。有一天，珍妮从孙女那里借来一台录音机，然后录下了一次争吵的经过。第二天她回放给比尔听。他们两个人听着极其耳熟的攻击和反击的话语不停地笑。珍妮问："现在想想，这到底是为了什么？"事实证明比尔在担心自己的健康，但他发现把注意力集中在钱上更容易一些。

对于比尔和珍妮来说——对于其他因为钱而起冲突的夫妇也一样——找到解决方法并不容易，但在寻找过程中却能发现意想不到的收获。位于旧金山的加利福尼亚太平洋医疗中心的家庭治疗主任、哲学博士罗德尼·夏皮罗认为："如果夫妻双方都懂得如何处理钱的问题，他们就能理解其他问题，比如成功、独立、信任、承诺、权力等。一旦他们解决了钱的问题，他们就会对自己解决问题的技巧更有信心，而且更加信任对方。如果他们能够不再为钱争吵，他们就会认为自己能够处理所有大事小情。他们可能是对的。"（更多相关内容，请参阅本书第三部分"品味生活"中的《个性与金钱取向》。）

● 追踪问题 ▶

1. 选择文章中提到的一种引发冲突的情况，并将之与你的生活相联系。哪些行动能够帮助你应对这种局面？

2. 运用文章中"如何避免由钱引发的冲突"这一部分提到的一个或多个建议，并报告结果。

3. 从文章中选择两个语句或观点，然后应用到你的生活中。谈谈你的想法。

亲密关系

尼尔森·古德

期望

我们希望一段亲密的关系给我们带来什么？是安全、性、陪伴、友谊，还是精神支柱？许多人在绝大部分时间希望获得所有这一切。但是实际上，我们能够得到经济上的安全、陪伴和偶然的浪漫火花就已经足够了。

克雷格·考克斯认为，现在许多人希望拥有一种"超级关系"，这种关系基于人们对亲密关系应该是何种样貌所抱有的高期望：除了爱情、性和沟通，还要寻求能够知心的伙伴——能够"理解"他们的人。话说回来，谁不想要这种关系呢？通常，获得这类超级关系的代价是疏忽。

"建立一种超级关系真正需要的是维护水平，这是关系平稳运行所必需的……因为这类婚姻中的夫妇都期望超乎正常水平的情绪亲密——成为紧密的精神伴侣——他们必须不断努力维持一种高水平的信任和忠诚。"考克斯认为与"足够好"的关系比起来，这些要求让超级关系的存在变得更加苛刻和脆弱。（*Utne Reader*, Nov-Dec, 2004, p. 54）

作家埃瑞克·钟支持这种观点：

美国人所面临的问题是……我们想把所有感情的筹码都孤注一掷。我们把对激情、性、友谊和孩子的渴望都寄托在一个人身上。这种奇迹会发生吗？就算奇迹真的发生了，它能持续多久？……将夫妇黏合在一起的凝聚力由许多东西构成，比如：笑声、陪伴、感动，以及性。婚姻的忙碌真实存在，但是我们也正是用它来保护自己免受原始亲密的困扰，不要在太多时候过于开放。（*Newsweek*, June 30, 2003, p. 48）

安妮·林德伯格在《大海的礼物》一书中，利用另一种系统来分析这些问题。她认为亲密关系很像大海的潮起潮落。

当你爱一个人的时候，你不是每时每刻都爱着他，同样地，你不会时时刻刻以同一种方式爱着他——这是不可能的事。假装如此更是一种谎言。然而这也正是我们绝大部分人需要的。我们对起伏不定的生活、爱情和关系非常没有信心。我们享受潮起却抗拒可怕的潮落。我们对"一去不回头"充满恐惧。我们执着于永恒、持久和一成不变。出现在生活、爱情中的唯一可能的一成不变存在于成长的过程中，存在于流动性之中，存在于自由之中，存在于"舞者是自由的"这种意识当中：他们经过时留下的只有感动，而他们的舞伴以同样的模式舞动着。唯一真正的安全并不意味着拥有或占有，也并非存在于渴求、期望或渴望之中。一段关系中的安全既不存在于过往，也不存在于被深深寄望的未来，而是存在于现在——活在现实的关系中并接受它的本貌。关系和海岛非常类似。人们必须接受它们现在的位置，它们有自己的局限：海岛，被大海环绕和阻隔，不断被潮水侵扰和遗弃。人们必须接受不断变化的生活和潮起潮落及其间歇所带来的安全。

林德伯格认为，"间歇"是我们的情绪和人与人之间的生活所特有的。精神伴侣直接的连续状态并非我们的本性。人们不仅必须要学会随着波浪起舞，还要学会接受亲密的退潮。

● 追踪问题 ）

1. 你是否同意过度期盼和需要一种超级关系的观点？说明你的理由。

2. 你对一种深度的、亲密的关系有何看法？这种观念能够抑制一个人看清另一个人的真正本质吗？

第三次约会发生性关系

首次性关系出现在第三次约会时的全新经验法则不断被人提及。这种经验法则认为，在第三次约会之前发生性关系意味着双方属于性滥交之流，也可能是因为双方一见钟情。如果在第三次约会时仍没有发生性关系，那么这就意味着这段亲密关系前途渺茫。对于那些认同这种法则的人来说，可能有以下几种结果：

1. 期望在第三次约会发生性关系导致前两次约会的压力增加，因此可能歪曲本性的流露。

2. 在第三次约会时没有发生性关系并结束这段亲密关系，可能意味着过早地结束了一段可能发展良好的亲密关系——只要能够再多给一些时间。

3. 在第三次约会时发生性关系可能意味着在一段刚刚开始的亲密关系中投入过多。

● 追踪问题 》

1. 你对第三次约会发生性关系有何看法和评价？

网恋

不论是通过交友网站、聊天室、论坛还是电子邮件，在互联网上寻找罗曼史正成为一种主要的"钓鱼"方式。梅根·道姆在她的文章

《网恋》中突出了在线交流的利与弊。当一个忠于某段关系的人寻求在线亲密关系的时候，一种新的问题出现在公众的视野当中——网恋是否和面对面的恋爱具有同等重大的意义。网上交流对使用者来说有几种优势：匿名、借用一个身份，毫无禁忌而不用感到害怕，可以控制何时、以何种方式回应，对接下来的信息感到兴奋和期待。包含和另一个人交换性幻想的网恋是否是一种不忠的行为，或者情感欺骗？长期和夫妻关系问题打交道的心理学家们则争辩网恋所引发的情感破裂和面对面恋爱所引发的一样多——如果仔细研究的话。他们还推荐，如果夫妻双方没有准备好进行咨询，网恋也是一个很好的方式，它可以促进二人关系的转变，并开启可能的治疗。但是双方必须都认同这种治疗，才能保证治疗的效果。

● 追踪问题 》

1. 网恋和面对面的恋爱具有同等的重要性吗？说明原因。

2. 在网恋中进行幻想与做白日梦之间有何区别？

3. 真的存在很合理的网恋理由吗？为什么？

网恋

梅根·道姆

　　有一天早晨，我登录我的"美国在线"账号，发现一条题为"你是那个真的梅根·道姆吗？"的信息。这条信息来自一个署名为"PF Slider"的人，里面一共有5句话，全是些奉承我的话，言语当中充满了这个PF Slider对我的仰慕之情（我在过去的一年半中曾经在报刊上发表过一些文章），以及他如何醉心于我，他是加利福尼亚的一位体育新闻记者，等等。

　　有那么一刻，我有点儿飘飘然，我花了30秒钟看完了这条信息，然后写了回复。尽管对我来说，承认我的确是"那个真的梅根·道姆"有点儿奇怪，但是我还是写道："对，真的是我。谢谢你的来信。"我点击了立刻发送按键，将我的回复传送了出去。然后我就忘记了这回事，直到第二天，我接到了另外一条信息。这条信息上标注"找到了"，内容是："哇，真的是你。"另外，他按时间顺序记录了各种情况，说明他如何阅读我为数不多的几篇文章：在拉古娜海滩的木板路上；在他为洛杉矶报纸报道春季棒球队训练的新闻中心。他坦白自己"疯狂地迷恋"上了我。他叫我"道姆公主"。他说他希望向我求婚，或者至少在他每年两次来纽约时和我共进午餐。他努力让这一切听上去不像是个傻瓜才会做的事。当我读到这条信息时，我笑了——这是一种一个人极力想忍住的笑，一种在观看一部绝不会承认看过的悲情电影时露出的笑。这封信令人感到荒谬，也令人感到戏剧性的伤感，它可能是个恶作剧——来自一位试图将我从暂时的创作瓶颈中唤醒的友人。但是从电脑屏幕中倾泻而出的关爱是前所未有的，并让人感到莫名兴奋。我退出账号，翻来覆去地想了几个小时，然后才再次写回信表达我的荣幸和感动——这或许是我有生以来第一次真诚地用到"感动"这个词——我被他的信息打动了……

我和PF Slider在收到他第一封短信的那个星期里互相发送了几封无伤大雅的短信。他的真名叫皮特，29岁，单身。我基本上没有透露自己的信息，只是用一些讽刺性的注释和俏皮话来作答，这是大部分电子邮件信息所采用的招数。但是很快，我开始对他产生了一种朦朦胧胧的情愫。当我收到他的来信时，我会感到兴高采烈；如果没有，则会感到心情沮丧。几个星期之后，他给了我他的电话号码，但我没有把自己的给他。但是他四处查寻，然后在一个星期五的晚上打电话给我。我刚好在家，接听了电话。他的声音有些刺耳，但并不讨厌。他滔滔不绝地讲了一个小时……

皮特要求我给他打电话。对于我来说，我从来没有让自己在意他的这个真名，私底下我更愿意当他是PF Slider，"写电子邮件的家伙"，或者"棒球男孩"，他开始每星期给我打两到三次电话。他问我能不能来见我，我说没问题。距离圣诞节还有几个星期，他将返回东部探望家人，然后到纽约和我共进午餐。他说："来见你是我淡季的使命。"我告诉他："可能会有暴风雪。""那我就乘狗拉雪橇去看你。"他如是回答……

其他时间，我们都会同时登录"美国在线"，然后打字交谈好几个小时。对我来说，这种方式远比电话要好。尽管只有打字稿、错字连篇，但他还是能够狂热地调情。他说："我疯狂地爱上了你，如果我喜欢你真人，那么你必须答应嫁给我。"我故意卖弄风情，故作姿态地告诉他别做梦，引诱他更进一步地恭维我，逗弄他，这些都是我绝不敢在真实世界或电话中做出来的。我每天都熬夜到凌晨3点钟，不停地打字、对着屏幕微笑，感到眼花缭乱，而无法入睡。我现在很难想起以前我在晚上都做些什么。我的电话一占线就是几小时。现实世界的人们没有办法联络到我，而我也没有真正在意过……

和我在真实的人类世界中所体验到的相比，我和PF Slider的互动更有人性。我的确在这段关系中投入了更多精力，远比在之前任何一段关系中投入的都要多，我给予他的关注是一心一意的，我喜欢距离带来的安全感——你可以选择说实话而不是撒一些小谎，而这是真实生活的主要构成部分。外部世界——那个我绕道而行的混凝土建筑，那个尽量避开我不想应付的人的世界，那个半真半假的刨根究底的世界，那个我将座右铭"一切都交给机器"运用到几乎每个环节的世界——已经滑向我思绪的外围。和PF Slider在一起时，我是一个更好的人、一个能够让自己容忍的人。

这种虚构的身份当然是互联网关系中的基本惯例。网络角色所带来的愉快错觉被认为是我们这个时代的一种通病，是另一种著名的折磨当代人的途径。但是我说的这个对于PF Slider来说的"好人"并不意味着和他交流的是另外一个不同的人。只是因为我是一个充满渴望的人、一个盲目的男人所注视的对象。我以前可能不知道有人想向我求婚，但是现在，有生以来我第一次明白了自己可以享有这份待遇。我知道何时会收到他的来信，以及收到他来信的方式。我知道他想我，因为他告诉我说他想我，而遥远的距离、素未谋面和不太认真的态度都让他在我面前显得比现实生活中接触的绝大部分人更可爱。有生以来第一次，我遇到了真实的求爱。在此之前，我从没意识到这种情况已经从我的日常生活中消失良久了。

正因如此，PF Slider才成了我每天的生活重心……

大学毕业以后，我曾经有过一段维持了三年的严肃的恋爱关系，在随后的两年中处于既没有交男朋友也没有特别回避恋爱、任其自然发展的状态。我经历过几次错误的开始，有过5次连我自己都不能肯定可以称之为约会的约会，以及几次偶然的恋情，而这些都屈服于它们自身的惯性，甚至在黎明的曙光穿过陈旧的一居室的铁栅栏窗户之前就已经结束。尽管我马上就要30岁了，但我仍旧是个孩子，对于舞步或健康保险之类的事情一无所知。我是信用卡债务和学生贷款的奴隶，恼人地想着不要让任何人找到我，直到我给自己披上成熟的伪装。我是一个忠实信徒，坚信都市梦想，相信多年的努力奋斗一定能够取得辉煌的成功，相信会交好运，相信能够实现目标。和绝大部分朋友一样，我生来就是个自私的人。我想要的是更多善良，尽管超出我需要的范围。我希望有人来爱我，但是我的确不需要爱情。我不想孤孤单单一个人，但是我很喜欢穿着孤独的外衣，就像它们是高级时装一样……

我对PF Slider信息的痴迷表明了一种畸形的自恋。但是这也揭示了一种微妙的渴望，但我在那时并没有完全明了。我需要体验一种老式求爱的心态比我以前想象的更加强烈……

有生以来第一次，我没有把这段关系拖延成"不了了之"，那种有可能发展成为类似恋爱的关系。我置身于一种泾渭分明的结构，一个整洁而又狭小的空间，身在其中，我们都可以安全地表达对彼此恋情的恐慌和兴趣。我们的互动让人耳目一新、有条不紊、高尚、有格调，虽然也有些不知羞耻。我们之间确立了亲密关系，看起来好像是特别为我们陌生、孤独的时刻量身定做的，更好像是为我量身打造的。

我们约会的那天很冷，但阳光明媚。当我到达的时候，皮特已经坐在餐厅的酒吧里了。我们握了握手。那一瞬间，他的下巴靠向我，好像要吻我……

他说话，我却没听进去。他一直在说，不停地说。我看着他的侧面，努力想断定自己是不是喜欢他。他说的好像也没有什么特别的，尽管在一直说个不停。后来我们一起去了自然历史博物馆，看了一场关于风暴的默片。我们一边在博物馆中走着，一边寻找恐龙，他的话多得让我想大喊。黄昏时分，我们沿着中央公园西街散步，穿过落叶，经过四轮马车和黄色的出租车，以及圣诞节时曼哈顿灿烂的灯火，他抓住我的手想亲吻我，但是我躲开了。我觉得自己的脑袋里好像塞满了棉花。然后，出于某种原因，我请他到我的公寓坐坐，给了他一些啤酒，最后让他吻了我，就在卧室的大蒲团上。暖气发出叮当声。电话响了，答录机接起了电话。窗外汽车喇叭发出刺耳的声音。

钥匙转动的声音响起，好像是我的室友回来了。我根本没有意识到这些，只有模糊的、又回到以前大学宿舍的那种似曾相识的感觉，拼凑出一种印第安编织小地毯式的图案，耳边的便携式音响中传来凯特·史蒂文斯的精选歌曲。我希望皮特离开我的公寓。我想递给他外套，在他身后关上门，然后对抗随之而来的空虚——打开电脑并享受PF Slider带来的安逸。

皮特终于离开了，而我开始生气。他的话太多了。他是个话痨。他不让我说话，尽管我也没有非常努力地争取。我从各个角度指责自己，从没有让他在中央公园西街亲吻我，到最后让他亲吻我，以及没有喜欢上他，还有希望喜欢上他——这比我在这么长的时间里对其他事情的渴望都要大。当我意识到自己已经在这个虚构的角色中投入了太多时，我感到恐惧，因为在这个角色的创造过程中，我甚至比皮特本人占据更多的先机。像我这样一个自以为通情达理的人，怎么能沉溺于这样一个更像是在电视脱口秀节目中见到的情节，而不是那种我自认为相对来说更加充实、成熟的生活呢？我怎么能在收到一位仰慕者的来信之后，让事情发展到这种地步呢？然后联邦快递将皮特订购的一大束鲜花送到我的面前。以前从没有人送我花。我深深地感到悲哀。我痛恨这个世界，或者痛恨自己，或许两者兼而有之……

作为两个有血有肉、个性鲜明和衣着品味各异的人，我和皮特完全不合拍，但是我假装没有这回事……

和绝大部分网恋不太一样——他们好像都是有备而来的，配备了必不可少的虚伪陈述和虚假的期望——我和PF Slider的表白非常直接。我们两个都没有欺骗对方。我们都尽了自己最大的努力。我们之所以失败是因为自然的原因而不是虚拟世界的原因……

至少有7个人向我坦白了他们的各种电子邮件恋情。这些话题自然而然地出现在常规的对话中。他们中有4人搭乘飞机与对方见而，从纽黑文到巴尔的摩，从纽约到蒙大拿，从得克萨斯到弗吉尼亚，从纽约到约翰内斯堡。他们都是寻常人士，是我在真实世界中认识的作家、律师和科学家。他们都很聪明、有魅力。当承认自己对这种关系难以自拔时，他们显得非常羞怯。很少一部分人是在聊天室里碰到的。他们通常是在宴会和飞机上见过面之后，才开始互写短信。也有一些人像我一样，在收到在线或其他短信之后回复，从而发展出一种关系。其中有两个人坠入爱河，其他人则将这种经历归入那种奇怪独特的后现代经历……

如果我和皮特是在宴会上相遇的，或许我们彼此的交谈不会超过10分钟，那样一切就会很简单，但少了乐趣。

🔵 追踪问题 ▶

1. 说明电子邮件罗曼史的优缺点。

2. 根据道姆的观点，网上的遭遇让你有机会虚构另一种身份，或只表现你自己的某一面，而这一面通常在你与他人面对面时被隐藏。从你的网上遭遇来看，真的是这样吗？这种虚构的身份有何利弊？

3. 电子邮件无法表达一个人的非语言信息，比如手势、皱眉或假笑、音调、眼神等。研究显示，人类的绝大部分情绪信息都是通过非语言方式传达的。讨论电子邮件信息中缺乏非语言信息对沟通的影响。

4. 通过电子邮件开展一段关系常常伴随着一阵密集的信件往来。这种方式提高了个人的期望值。但当你亲身面对网友时，你又会感到失望。评论这种现象。

5. 作者发现在和网友信件来往了几次之后，她希望尝试一下"老式的求爱"。这种亲密的需要为何会不知不觉地发生？这种现象在我们当今的社会中是不同寻常的还是非常典型的？说说你的想法。

6. 从文章中选择两个语句或观点，然后加以评论。

朋友的类型

朱迪思·维奥斯特

《必要的失去》（朱迪思·维奥斯特）一书探讨了我们怎样将友情分门别类。下面简单摘录作者对每种友情的描述：

1. 方便型朋友（点头之交）

这是指能互相帮个小忙的那些人；彼此保持着一种友好但亲密程度有限的关系。

2. 志趣型朋友

这是指能够与我们一起分享共同的兴趣和活动的那些人；彼此经常联络，却没有深交的关系。

3. 历史型朋友

这是指那些曾经是朋友，现在却很少见面的人；现在彼此之间的共同之处可能很少，但是刚一开口说"我知道你过去……"，那种亲密感便油然而生。

4. 共患难的朋友

这是指那些在我们生命中某个特殊时期的重要朋友（比如，大学同学、以前的室友、战友等）；现在彼此很少联系，但是一旦接触，那种特殊的感情很快就会溢于言表。

5. 忘年交

这是指年长的人和年轻人之间相互影响并有亲密感的关系。这种关系可能存在于师生或者非家庭友谊中——年长的人乐于提出他们的忠告和认可，而年轻人也乐于分享他们的活力、学习的渴望。

6. 密友

这是指那些能够倾听我们的秘密、我们能够信任的人；在他们面前我们可以"做自己"。

追踪问题

1. 你的朋友是否也适合被划入上述分类？如果不适合，你还可以添加朋友的哪种（些）类型？

2. 维奥斯特认为我们对密友的感情非常矛盾，其中既包含忌妒和对抗，也包含感情和关爱。通常我们对正面感情的意识更加强烈。对你来说是这样吗？

3. 如果你被朋友划入上述某个分类，你会做何感想？

4. 讨论并记录你的反应。

逝去的友情

马克·默曼

人们在改变。

从某种角度来说，我知道自己与刚刚过去的6个月前的我相比，已是一个不同的人。

适应他人的变化很难，特别是当他们现在或者曾经是你的朋友时。

在我众多的中学朋友当中，我没有跟任何一个人保持密切的往来。有时候我会遇到其中的一些人，大家相处得也还不错。而有些人可能一年才见一次：在街上偶然遇到——我们也没有什么可说的。

我和大部分老朋友一样，都和从前的自己不再一样了。因此，我们的谈话只能局限于我们曾经一起经历的那段日子、我们对未来生活的规划，以及其他人目前的状况等。

这种对话枯燥、乏味。我也可以和陌生人谈论这些内容。

我不愿面对许多老朋友，而这让我对自己非常生气。去年我中学时代最好的一个朋友就住在附近，和我相隔只有一个街区而已。而我只见过他几次，还是他亲自登门拜访的。

现在他搬走了，我对自己从来没有去过他家感到非常恼火。

还有一些朋友是我故意不再往来的。我们曾经是朋友，但现在不再是了。我们曾经有很多共同之处，但是现在却南辕北辙。我们的共同之处仅仅是我们过去的那一部分。

人们很难和某个只存在于过去的人保持关系。你能够记起的也只有那么多而已。

但是我不能将这归罪于那些我失去联系的朋友。

人们在改变，我也不例外。

有时，当想起我们曾经一起规划着关于未来的宏伟蓝图及所有那些"永远、永恒、不朽"时，我感到莫名的悲哀。

然后我们为着这个或那个理由各奔东西。现在，当我在街上偶尔遇到以前的老朋友时，我几乎希望自己能够消失不见。

有时，我会非常希望给某个老朋友打个电话，不为别的，只想问声好。

但是我和很多人失去了联系。

现在我认识了很多人，但是很少交朋友。当我偶尔想念老朋友时，会觉得新朋友也不错。真正的好朋友非常难得，而众多的好朋友被时间吞噬，对此我感到非常伤心。

人们在改变，我也是。

● 追踪问题 〉

1. 当从前的友情随着时间消逝时，你会感到内疚吗？

2. 变换朋友的原则都有哪些？

3. 当一段友情发生变化时，我们应该怎样应对？

朋友

尼尔森·古德

同性朋友

许多针对友情和性别的研究结果看起来都认同：

1. 女性之间的友情强调感情分享、自我揭示、关怀和情感支持。

2. 男性之间的友情强调一致行动，而男性之间的对话一般针对的是物或事（除了危急时刻，否则很少涉及秘密）。

在《只是朋友》一书中，莉莲·鲁宾提到男性和女性友谊之间更深层次的差异：

● 3/4的单身女性拥有一名好友，与此相对应，只有1/3的单身男性拥有一名好友。

● 在承认自己有一名好友的单身男性中，他们的这位好友很有可能是位女性。

● 绝大部分男人不愿意和其他同性分享自己的私生活，因为他们总是害怕这意味着暴露自己的缺陷和不足。

● 女性朋友之间的亲密关系不同于她们的家庭关系。

● 男人总是和其他同性保持密切的联系，这是出于强烈的经验分享需要（比如，战争、体育运动），但是他们认为没有必要亲口承认这些感情。

● 男性不太善于表达情绪的部分原因在于他们在成长过程中缺乏这种经验或鼓励（相对于女性来说）。

● 追踪问题 ●

1. 作为一个男人（女人），你经历过上面所说的情况吗？

2. 如果你有关系密切的同性朋友，说明他们（她们）对你生活的帮助。

异性朋友

在过去的20年中，人们拥有异性密友的趋势不断上升。其中部分原因在于成长过程中两性的接触不断增加（比如，体育运动、通信技术和男女同校等），以及越来越多的男女工作关系。下面是一些针对异性友谊的调查结果。

● 在25～34岁年龄段，每10个人中就有1个谈到他（她）最好的朋友是异性。其中许多人在结婚之后仍然保持着这段友谊。

● 女人发现男人不喜欢情感上的培养和解释，但是她们依然重视男性朋友，因为他们能够提供不同见解。

● 男女之间不同的交流方式造就了异性友谊中的正面和负面结果。被异性看重的那一方面也是导致挫败的源泉。莉莲·鲁宾在《只是朋友》一书中解释了这种矛盾的感情：

然后，男人和女人都发现他们之间的差异将他们联系在一起，同时这种差异又将他们彼此分开。男人所表现出来的"粗硬线条"可以让女人更容易、更直接地和男性朋友打交道，但也让她们感到沮丧。而女人所展现出来的对过程的担心可能会激怒男人，但同样为关怀打下基础，从而让男人对女人趋之若鹜。他们彼此在其他不同的智力和情感形式方面维持着一种爱恨交加的矛盾感情，都从对方的模式中获得了自己想要或需要的东西，但又认为这是怪异的、让人难以容忍的。（p. 64）

一个女人这样说："跟女人在一起，我们总有说不完的话……找到了一个话题，然后我们将它解剖，从各个角度加以探讨，一说就是几个小时。当你跟一个男人说这个问题的时候，他都是直接找出解决方案，而这并不总是你想要的。"（Rubin, 1985, p. 160）但是，鲁宾补充说，许多女人期盼和男性朋友交流，从而获得一种可能不同于女性朋友的观点。

一个男人则这样说："我们所谈的就是几个小时前发生的事情。"（p. 161）然而，寻求关怀和安全的男人通常不会在男性朋友面前表现出这些需求。

不管起不起作用，异性相吸或紧张状态通常在异性友谊中得以展现。有关朋友和性的研究得出了不一致的结论：

● 绝大部分人认为性关系让友谊变得复杂。"我认为性不仅抑制了友谊，而且压倒甚至排挤了友谊。"（Rubin, p. 151）

● 最初的异性相吸随着时间的流逝逐渐消退。如果存在性接触，也应该是在友谊开始的时期。（尽管有一项研究显示在两年的时间内，有些柏拉图式的友谊重新权衡了恋爱和性元素。）

● 有些异性恋者认为，即使在纯洁的异性友谊中，性也起主导作用，为这一关系提供了同性别朋友无法提供的趣味。这一趣味以调情和合法的外表吸引为表现形式。

一项研究显示，超过半数的男同性恋承认至少有一名亲密的女性朋友，而绝大部分都是异性恋的女人。约有1/5的女同性恋报告说有一名男性朋友，而他们绝大多数都是男同性恋。女同性恋报告显示她们与异性恋的女性之间有着更多相同之处，而不是与男同性恋或者异性恋的男性。异性恋的女性和同性恋男性之间的友谊表明：与异性恋的女性和异性恋的男性之间的友谊相比，他们的沟通方式和话题都很相似。（Rubin, pp. 170–172）

有关这一主题的其他阅读资料还有《女人和男人做朋友：21世纪跨越一生的关系》（作者是迈克尔·曼索尔），以及《我们只是好朋友：非恋爱关系中的男女》（作者是凯西·沃金）。

● **参考文献** 〉

Rubin, L. B. (1985). *Just Friends*. New York: Harper & Row.

● **追踪问题** 〉

1. 选择有关异性友谊的两个语句，然后加以分析，并说明你的观点。

2. 如果你有异性朋友，文章中的哪种观点反映了（或没能反映）你的经历？说明你的立场。

为人父母

马丁·谢巴德

　　学着接受你的父母是具有自己权利的人——与你不同——这对于相当一部分人来说是一项艰巨的任务。这没有什么好奇怪的。因为我们大家都有一个非常完美的历史原因——我们的童年时代。

　　婴儿降生在这个世界上，从字面上来看，他是母亲的一部分。如果没有母亲的安抚、穿衣、喂哺和庇护，他不可能存活。童年时期的小孩子们依旧非常依赖他们的父母。他们还没有掌握养活自己的必要技能。这是一个学习某些"能"和"不能"的阶段。他们还要在这一阶段学习怎样数数、阅读、做饭、缝补、使用锤子和锯子等。他们还学会了不能吞服碘酒，不能把叉子放在电路插座里，在没有看到绿灯亮起时不能横穿马路……

　　这就好像孩子和父母签订了合同，合同规定孩子接受依赖父母的角色，作为对他们所给予的帮助、保护、指导和支持的回应。当然，其中还有不满。他宁愿把东西带出去玩也不愿意把它们扔在一边。他想要尝试做那些大人们做的事情，但当大人们说"不行"的时候又感到怨愤。他希望能够更加自由地来去，但是没有得到许可。还有他更喜欢看电视，而不是做作业或者练习弹钢琴。

青春期指的是相对听话和"可爱"的孩子逐步变成拥有自己权利的成年人的这一时期。随着青春期的性发育成熟，青少年开始抗拒那份依赖合同——这是他们在孩童时期和父母的约定。青春期充满了冲突和躁动，这种情况不仅存在于他们的内心世界，也出现在他们和父母的关系中。敌对、冲突和争执是青少年这一阶段的一个自然组成部分：他们寻求脱离这种依赖关系、找到自己的成年期。如果这一时期能够平稳度过，青少年真正认为自己长大成人，那么他会反过来接受自己的父母，就像他能够接受其他成年人一样。如果他和父母拥有共同的兴趣爱好，而且他的父母也承认他已经成年（而不仅仅是他们的孩子），那么他们依然能够保持亲密的关系。如果他们的兴趣相去甚远和（或）他的父母不能转换自己身为长者的角色，他就会和他们保持一段客气、生疏的距离，这就好像其他成年人对待那些和自己没有交集的人一样。第二种选择是成年后更常见的一种结果。

到目前为止，我所描述的都是"正常的"成熟。许多人，无论他们年龄多大，从心理学角度来说，当涉及父母时，他们从来都没有真正走出童年期或者青春期。那些沉溺于童年阶段的人依然过于温顺和依赖。而那些身陷青春期的成年人，永远都是采用反抗和发脾气的方式对待父母。

鉴于男性和女性所承担的文化角色（假定男性为"攻击性"，女性则比较"被动"），人们可能认为女性更有可能陷身于童年状态，男性则大多处于青春期状态。尽管也有许多情况和这种假设观点正好相反，不过情况大多如此。

　　路易丝就是这种孩子式女人的典型代表。在童年和青春期，她的父母总是对她千依百顺。他们总是很快地安抚和纵容她。他们一直帮她抚平伤痛，站在她的一边支持她，对她的异想天开有求必应。反过来，她则迁就他们的自尊，让他们知道他们是多么特别，他们是这个世界上唯一了解她的人，他们提出的建议是多么明智，以及她对他们感激不尽等。

　　22岁时，路易丝开始了她的第一段婚姻。她的丈夫格雷格是位保险销售员，刚刚从大学毕业。格雷格是个正派、有责任心、上进的年轻人，他希望能够供养路易丝和这个家。但是这个想法没有实现。

　　路易丝无法让自己适应这种艰苦和独立的生活。她每天都要咨询母亲，就一些简单的家务琐事问妈妈的意见，并因为和格雷格的一点儿小麻烦而向父母寻求安慰。她没有能力控制自己的开销，因此总是背着格雷格跑到当医生的父亲那里要钱，以便支付所赊的账目和冲动之下买的衣服、汽车（她坚持每年更换一辆新车）及难以计数的重新装修计划等的费用。

　　当她的第一个，也是唯一的一个孩子出生后，她的父母为她雇了一位保姆。她母亲每天都要前来探望她，帮她忙，给她建议，这种情况持续了几个月。

　　在结婚三年后，路易丝离开了格雷格。因为这段婚姻不符合她构想的"尖桩篱栅和蕾丝窗帘"式的童话生活。她更向往的是多玩乐、少工作的生活。她的父母也很赞成她的想法。他们都同意路易丝的话，她说格雷格是个"吝啬""自私"的家伙，而且他"总是为所欲为"。除此以外，当路易丝重返学校、试图找到另一个男人时，她的母亲还希望帮忙抚养她的女儿。

路易丝现在39岁，结了五次婚，目前生活在另一个城市。但是她每星期仍要给父母打几次电话。

28岁的萨姆是个典型的青春期"沉溺"症候群患者。因为他仍旧不断地亲近但又敌视他的父母。

在就读一所当地的大学时，他和许多其他学生一样，开始吸食大麻。他并没有偷偷地这样做，而是很自然地让父母知道他的这一举动。他们非常害怕、震惊，而且极力反对。而萨姆，不仅没有戒掉这一恶习，反而继续在家里抽大麻，为的就是故意让他们知道。随后双方都在不断上演争吵、侮辱、摔门等行为。

他们餐桌上的对话很容易让人回想起一部非常受欢迎的电视系列剧《完美家庭》：萨姆攻击父亲的政治和社会观点，母亲则充当疲惫不堪的和事佬。

四年前，萨姆搬出了父母的家，但是仍旧把脏衣服带回家让妈妈给他洗。他的心态阴沉。如果他母亲问他过得怎么样，他就会无礼地回答或者指控她试图控制他。但是，他却告知父母自己的很多行为——都是些他明知道他们会反对的，比如他和信仰另一种宗教的女人约会，他打算辞掉一份很有前途的工作，他在尝试迷幻药等。

他总是不时地向父亲借钱或者用家里的汽车。他认为这些终究都会是他的。如果父亲拒绝了他的这些要求，他就会对老人说一些不敬的话。

两年前他结婚了。他甚至打电话告诉母亲不要干涉他的生活，而母亲只是想帮忙照看苏西——他8个月大的女儿。但是每当萨姆和妻子布伦达准备参加宴会时，萨姆就打电话给母亲，希望她能够帮忙看孩子。当她没有答应时，他就指责母亲是个伪君子，因为她之前说过要帮忙。

你怎样才能分辨自己是否被困在和父母的关系中了？一种方式是看他们是否让你感到尴尬。或许你不想让父母见到你的朋友，因为你害怕他们做事的方式会让你感到羞耻；他们对待你就像对待小孩子一样，当着你朋友的面纠正你，或者表现出"粗俗不堪"的一面。

这种尴尬通常表明你依然认为自己是父母的一部分，或者是他们的延续。你没能意识到如果你父母的行为荒谬，那么应该受到嘲笑的是他们，而不是你。当然，除非你个人认为自己还是个13岁的孩子，正带着自己第一次约会的对象回家。

其他依赖的迹象还包括每天或每周例行公事地给父母打电话，希望不时地获得他们的认可，或者发现"没有其他人像我妈妈（或者爸爸）一样对我那么好、那么明智"。

叛逆的迹象对于受害者来说不言而喻，因此不需要进一步解释。

当事情没有令孩子满意时，孩子对父母的责备有一定的道理。毕竟，其中有父母的责任。如果饭菜做得不好吃，孩子是不能给自己做饭的。如果举家搬迁，那么孩子就必须放弃自己附近的朋友，而这也是父母的责任，不是他的。但是一旦你长大，过了18岁，情况就不是这样了。因为你没有必要再依赖自己的父母了。

身陷童年期或青春期无法自拔的成年人的任务是解除这种枷锁，学习按照自己的意志行事，并借此成为一个更能自给自足的人。如果你在和父母的关系中内心仍旧是个孩子，那么你就不可能拥有很好的自我概念，也就不能很好地平等看待你和其他人。通过继续当"小孩"或"青少年"而从父母那里获取所需东西的好处远远不足以抵消继续停留在那一角色上而付出的失去基本自尊的代价。

"小孩"不愿意经历青春期这一叛逆阶段。"青少年"也不愿意完全进入自给自足的成年阶段。他希望拥有童年期和成年期的所有好处，但是希望排除两阶段所有的不利之处。对于"青少年"来说，承认自己仍旧需要父母、自己依然爱着他们，是件太过尴尬的事情。

这类人都寻求父母的支持和认同（虽然方式不同），尽管他们在很久以前就能够管理自己的生活了。这种心态不仅干扰了他们的整个生活（路易丝和萨姆就是证明），而且的确降低了他们和父母建立一种现实的、现代的关系的可能性。

我曾经在书①中频繁提到人们要生活在当下，以及该如何改变情绪、人际和关系。对于那些和父母关系存在问题的人来说，能够肯定的一点是，他们通常对记忆中的自己和父母做出反应——好像他们一直都是十年或者二十年以前的样子——而不是根据他们目前所处的现实。这通常是抑制成熟过程的结果。

因此，这个世界多了许多依然责备父母、指责他们对待自己方式的成年人。好像是父母选择让孩子生活悲惨一样。

当然，也有极少数父母故意残酷地对待孩子。不过我们相信，如果可以选择，所有父母都应该愿意当这个世界上最好的父母。

---

① 马丁·谢巴德是指他的著作《心理治疗自助手册》（*The Do-It-Yourself Psychotherapy Book*）。——编者注

当然，缺乏"意图"并不是说父母不会偶尔残酷地对待孩子。他们为何不能这样？他们在为人父母之前，首先是活生生的人。我们所有人都有残酷的一面。此外，他们的父母也曾经"误解"他们。父母和所有人一样，可以是吝啬、慷慨、失望、乐于帮忙、冷漠、好笑、温柔或脾气暴躁的。

当我25岁，还是个医学院的学生时，我对父母的反应仍像是个青少年。我痛恨每周不得不去看他们一次。我认为他们仍旧试图控制我。当我被自己的分析质疑时——情况是否不可逆转，我是否没有努力控制他们——我意识到我每周的逗留占用了父母的时间，而这是他们特别慷慨地为我预留的。而我可以自己做主，少去几次。我不需要每周出现以"答谢"他们的慷慨——他们是出于好意，而不是因为我听话地每周露面。在我意识到这点之后，我停止了机械的拜访，减少了我正在逐渐接受的观念并开始更像个大人似的跟他们交往。

我的一位治疗师朋友正在治疗一位不断和母亲发生冲突的年轻人。他想得到母亲的认可，但母亲总是出言讥讽。他的母亲是位非常容易生气、失去理性的女人，因此她从来没有意识到自己的儿子有多希望得到她的祝福。儿子也不能接受母亲的不合理。

我的朋友要求这位年轻人想想下面这个问题："如果你经过一家精神病院，看见你妈妈从装了铁栅栏的窗户里面向外看，当你经过的时候，她就开始对你尖叫，说些她现在在家常对你说的话，你依旧认为她的话会给你带来困扰吗？"

"当然不会，"年轻人回答，"我不会相信她说的，因为我知道她疯了。"

"那么从现在开始，每次当你妈妈让你感到不安时，我希望你回想起她在精神病院窗户里对你大喊大叫的那个画面。"

这位年轻人照做了，并且发现这种方式能够平息自己的恼怒和挫败感。

我认为这种手段是一种很有效的方式，可以让那些发现自己一直在与父亲或母亲争执不休的人解决自己的问题。

要牢记一种能够帮助你更为现实地看待父母的原则，即大人们其实都只是披着成年外衣的孩子。

当你觉得要被父母（或者父母的替代者，比如老板或老师）的"明智"压垮或者怨恨他们的"缺点"时，你要努力认清隐藏在他们内心、操纵他们行事的孩子。

出于许多原因，我曾经有意地避开编写一章有关为人父母的内容，这主要是谈如何更有效地和自己的孩子打交道的问题。其中一个原因是为人父母没有一定之规。你所能做的只是成为你自己而已。而且如果你是一位精神健康的成年人（我肯定，绝大部分阅读本书的人都正在朝着这一目标努力），你就能做好身为自己和他人父亲或母亲的工作。

作为一位精神病学家，我遇到过许许多多抱怨自己父母的人。如果他们得到了大量物质上的好处，他们就会抱怨："我的父母给我买了很多东西，作为爱的替代品。"如果得到的东西很少，他们又会说："我的父母都很小气，他们不够爱我。"如果父母给了他们很大的自由，他们将悲叹"父母不喜欢我或者我所做的一切"；但是如果父母的指导稍多，那么他们的抱怨又变成了"我的父母太严厉"。

　　无疑，和蔼、容忍和理解对你的孩子很有用处，对你自己的童年时期也可以有所帮助。但是有时候打屁股和其他形式的体罚也很合理。

　　因此，我对你应该怎样做一位父亲或母亲并没有特别的建议，除了建议你牢记：不论你做什么，在你的孩子看来都可能是错的。但是当你的孩子长大成人时，前提是他（她）没有沉溺于童年期或青春期的行为，他（她）终将感激你尽自己最大努力所做的一切。

　　此外，长大成人和成熟是你孩子自己的责任，而不是要你来为他做的。就像你必须意识到你不再是自己父母的一部分一样——这并不是他们的错——你的孩子也应该学会意识到这一点。

　　下列练习帮助你试着继续自己的成熟过程，当然这是相对于你父母而言。你可能需要不断重复这种练习，以便摒弃对自己和父母的不切实际的看法。而你最终必须学会放开他们，放弃你希望他们成为另一种不同的人的需要，原谅他们的过错（以及所有他们本"应该"做的、做过的和没有做的一切），最终认识到父母只能是他们原有的样子和现在的样子，而不可能是其他的样子。

提升关系品质的练习

　　1. 找两把椅子，让父亲坐在一把椅子上，你坐在另一把上，然后告诉他你瞒着他的所有负面情绪，比如你的厌恶、挫败、仇恨等，尽量提供细节。然后，交换位子，你来当他，告诉"你"他对你所说的所有这些负面的情绪有何想法。然后再次交换位子，继续对话。你告诉父亲，对于他，你过去需要什么、现在需要什么、过去希望什么，以及现在希望什么。然后让他说说他需要你怎样，希望你如何（过去和现在）。随着对话的进行（而不是纯粹在争执不休），看看你们是否能够更加深刻地理解彼此的感受。

2. 重复练习1，这次将父亲换成母亲。

3. 假装你是你父亲，然后写一篇短文，题目是"我在抚养孩子的过程中遇到的困难"。

4. 重复练习3，不过这次要你以母亲的口吻写短文。

5. 让父亲坐回他的椅子。告诉他所有你感激他和爱他的事情。然后交换位子，你来做父亲，说说当你听到孩子告诉你这些美好的事情时的感受。然后继续对话。

6. 重复练习5，这次将父亲换成母亲。

7. 假装你是父亲，然后告诉"孩子"你爱他（她）和欣赏他（她）的所有事情。交换位子，以你自己的身份说说你在听到这些话之后的感想，然后再以父亲的身份回答。

8. 重复练习7，这次将父亲换成母亲。

9. 把所有有关你自己私生活的秘密都列在一张纸上，这些都是你从来没有告诉过父母的。让你的父母轮流坐在椅子上，依次告诉他们这些秘密。然后假扮父母作答。随后再次交换位子，继续对话。看看你们是否能够在相互理解上更进一步，而不是继续冲突和对抗。

10. 如果你依赖父母中的一人，且这种关系表现为每天、每星期打电话或者拜访他们（如果你不和他们同住），那么给自己放一个月假，在这段时间里不做上述那些惯常的举动，也就是说不打电话，不去探望他们。礼貌地告诉父母，你只是想看看在没有和他们规律性接触的时候，你的生活是什么样子。然后信守自己的诺言。

如果你已经年满21岁，还和父母住在一起，那么利用同样的理由，到其他地方住一个月：可以和一位朋友或者几位朋友一起住，也可以和一个兄弟姐妹或其他亲属住进酒店。最好能尝试所有这些不同的安排，每次只要几个晚上，这样你或许能够看出住在不同的地方都有何感觉。

11. 如果你和父母中的一方关系疏远或者不对脾气，或者如果你已经有一段时间没有和他们联络，那么看看做些什么才会拉近你们之间的关系。

跟他们约个时间和地点见见面，然后请他们吃顿饭。给他们带个小礼物，表示你对他们的"感激"（不论你是否真的这么认为）。详细询问他们的近况。告诉他们你感激或喜欢他们的事情，努力避免用到刻薄的言辞。

第二天，记下你的这次经历。说明这么做的意义，以及你从中学到的。

如果你的父亲和（或）母亲已经去世，那么做练习时，想象他们（或他、她）还健在——尽管现实并非如此。

● 追踪问题 ●

1. 你的哪些主要行为方式与你的父母（监护人）相像或不像？你有多大概率会选择维持或改变这些特质？

2. 如果你是一位青少年的家长或者是父母健康的成年人，那么说明你同意或反对谢巴德某些观点的理由。

3. 记录或者讨论本文中的其他主要观点。

4. 尝试文章末尾列出的练习，然后报告你的收获。

成年早期的选择

尼尔森·古德

新的社会关系网

20多岁的年轻人需要面对的一个重要适应过程是找到新朋友和社会关系网。如果他们刚刚从学校毕业，那么他们绝大部分的朋友都分散在各地，而他们不断遇到彼此的机会也随之消失。有些人可能会移居到一个没有任何朋友的地方。而工作中的同事常常因为其他安排缠身而不能成为朋友。在《征服四分之一生命危机》一书中，亚历山德拉·罗宾斯发现建立新的社会关系网是一个逐步的过程，需要时间和努力。下面摘录了她给出的一些建议：

1. 戒除看电视或者其他非直接的交流模式（比如，通过即时通信软件和其他人交流），参与更为直接的接触。

2. 找个机会邀请其他人一起参加活动（比如，去当地的美食节、节日庆典等），并鼓励那些想去的人另外邀请一两个人。

3. 在发展友谊的过程中不要急于求成，因为它有自己的进度。

4. 最好的方式是加入一个你感兴趣的团体，比如体育社团、读书会、志愿者团体、自行车俱乐部等。如果没能在一个团体中找到朋友，那么试试其他的。

发展新的社会关系网的关键是行动，而不是等着好事落在你的身上。你要主动创造机会，而不是被动地等待机会。

独自生活

对许多刚刚步入成年早期的年轻人来说，独自生活是他们有生以来的第一次，而这也的确是种孤独的经历：

> 我每天晚上回到家，发现家里只有我一个人。没有人跟我同住，也没有人分享我一天的成就或者心情郁闷的时刻。家里没有人和我说说话、跟我吃个饭……我一个人想事情的时间太多了……感觉很空虚，非常安静。（Robbins, 2004, p. 129）

给予独自生活的刚刚步入成年早期的年轻人的建议如下：

1. 提醒自己，一个人生活并不意味着你有任何个人的缺陷。

2. 这也许是你第一次经历没有和其他人一起的生活，请学会喜欢自己的陪伴。

3. 按照你自己的喜好布置和装饰你住的地方，让它反映出你的个性。在你住过的地方留下你的印记，这样它给你的感觉就更像一个家，而不仅是一个吃饭和睡觉的地方。

和父母一起生活

最近的人口普查显示，年龄在18到34岁之间的成年人约有14%与他们的父母住在一起。（从1970年到2000年，18到34岁的成年人与父母或祖父母一起生活的比率上升了50%。）罗宾斯（2004）认为：约有50%的新近毕业的大学生（年龄在21到31岁之间）有时与父母生活在一起。和父母共同生活的原因多种多样，其中包括：迫于经济压力；寻求心理上的支持；这是享受生活但无须承担全部责任的一种方式（虚度光阴）；暂时逃避困难。尽管现在这种和父母共同生活的模式比以往任何时候都更普遍，可是这仍为许多刚刚步入成年早期的年轻人带来了负面的标记。有些人认为自己不成熟或者是个失败者；有些人发现在父母家中，自己很难像个成年人一样行事；有些人感到自己不得不为这种情况向同伴们解释。在我们的社会中，成年的一个主要特征是自给自足。罗宾斯为这些和父母一起生活的年轻人提供了自己的建议：

> 只要你和关心你幸福的人一起生活，不论你是为了不付房租还是拿钱贴补家用……你都不需要觉得自己正独自度过20多岁的时光。要提醒大家的是：当你认为把父母当作一个可以临时依靠的安全网的行为很正常时，其实对他们来说或者对于把他们当作拐杖的你来说，都是不公平的。如果你打着免付租金过活的幌子虚度光阴，而不是老老实实地用心寻找供养自己的方式，那么谁都帮不了你。不要推迟你自食其力的时间。（p. 167）

另一个导致这种情况出现的因素是，当一个年轻人返回家中生活时，父母没有太多选择。那些卖房子、搬迁或退休的计划都可能因此推迟。

● 参考文献 》

Robbins, A. (2004). *Quarterlife Crisis: The Unique Challenges of Life in Your Twenties*. Tarcher Perigee.

● 追踪问题 》

1. 讨论文章中提到的针对新的社会关系网、独自生活和（或）与父母共同生活的观点。

2. 实际应用文中的一个或更多建议，然后报告结果。

手足情深

尼尔森·古德

　　超过80％的美国人生活中至少存在一个这样的人：他往往活得比父母要长，也比婚姻存在的时间要久，而且他能够以许多别人无法做到的方式了解你——不管你喜不喜欢。这个人，就是你的兄弟姐妹。

　　弗洛伊德曾经说过："小孩子没有必要去爱他的兄弟和姐妹。"有些孩子向新生的弟弟或妹妹打招呼的方式是问爸爸妈妈，这个小婴儿是不是打算留在他家。有些孩子甚至担忧自己的地位，比如在下面这首诗中反映出来的（Viorst, 1986, p. 97）：

> 妈妈说我是她的蜜糖。
>
> 妈妈说我是她的小绵羊。
>
> 妈妈说我非常非常可爱。
>
> 就是我这个样子。
>
> 妈妈说我是个超级特殊、非常奇妙、特别可爱的小家伙。
>
> 可是妈妈又生了另一个孩子。
>
> 为什么？

下面的内容节选自对兄弟姐妹关系的经典研究：

1. 兄弟姐妹间的敌对状态是很正常的。这种敌对表现形式包括不同程度的竞争、嫉妒、划地盘和怨愤。手足间的敌对可以通过父母适当的引导和教育化解，比如鼓励哥哥或姐姐帮忙照看弟弟或妹妹，谈论嫉妒和愤怒的感觉，在新成员降生后抽出特别的有效时间（但不要过多）陪伴年纪较大的孩子，不要偏爱某个孩子。

手足间的敌对状态在整个童年时期呈现递减趋势，在最初的两年中关系最为紧张。尽管有些手足间的敌对偶尔可能激烈地爆发出来，但是绝大部分兄弟姐妹在他们成长的过程中，都会找出一些更为积极、符合标准的互动方式，其中包括教育、保护、照顾、玩耍、社交活动、解决问题，以及模范作用。有些兄弟姐妹间的感情甚至胜过他们与父母的感情（特别是在父母离婚、再婚等情况下）。

2. 每个孩子都以一种完全不同的方式体验着家庭生活。你的兄弟或姐妹在家庭这个独特的微观环境中起着应有的作用。研究显示，和其他不是一家的同辈人比起来，兄弟姐妹间相似的地方微乎其微，因此，人们常常能够听到"这些孩子差别这么大，怎么可能是一家的？"这类问题。

3. 手足关系一生都在变化。童年时代，兄弟姐妹们天天在一起。到了成年初期，他们彼此的接触相对有限，因为每个人都在忙着自己的工作和家庭。而当人到中年时，他们之间的联系又开始增加，这是因为孩子逐渐自立，他们经历了离婚、生病或者要共同照顾父母。在中年或成年晚期，姐妹关系成为手足关系中最为密切的一种（其次是姐弟关系和兄妹关系，再次是兄弟之间的关系）。

凯尔和卡瓦诺夫（2004）研究了成年晚期手足间的关系，把其分成5种。

亲密（14%）——亲密等级高，忌妒和怨恨等级低

意气相投（30%）——亲密等级高，适度接触，忌妒和怨恨等级低

忠实（34%）——亲密和接触等级中等，忌妒和怨恨等级低

冷淡（11%）——亲密、接触、忌妒和怨恨等级低

敌对（11%）——接触和怨恨等级高，亲密等级低

这一统计表明，约有三分之二的手足间保持意气相投或忠实的关系。

4. 研究证实了出生顺序对成就、社交技巧、人格特征等方面的作用。而这些作用中的许多方面也受到其他因素的影响，比如家中孩子的数量、手足间的年龄差距、家庭的社会等级等。

5. 亲密的手足支持在那些生活中往来密切的手足中最为常见。与那些来自小家庭的兄弟姐妹相比，来自大家庭的手足们更可能彼此照顾。

6. 许多研究结果表明，独生子的自尊心和成就动机通常都很强，而且与那些有兄弟姐妹的孩子相比，他们更愿意服从，具有更多的学者风范，而且更有可能和同伴建立友好关系。（Shaffer, 1996）

你的兄弟或姐妹注定要和你个人及家庭一生相连。在人类的关系网络中，兄弟或姐妹在我们的生活中占据着一个独特的位置。

● 参考文献 ）

Kail, R., & Cavanaugh, J. (2004). *Human Development*. Belmont, CA: Thomson/Wadsworth.

Shaffer, D. (1996). *Developmental Psychology*. Pacific Grove, CA: Brooks/Cole.

Viorst, J. (1986). *Necessary Losses*. New York: Fawcett.

● 追踪问题 ）

1. 如果你有兄弟或姐妹的话，你和他们有何相像和不同？你为什么这样认为？

2. 说明在你的生活中，你和一位兄弟姐妹的关系怎样变化，并做出评论。

3. 如果你是两个或更多孩子的家长，从文章中选择两个语句进行评论。

4. 你和兄弟姐妹间的关系对你的个人发展有何影响？

5. 如果你是独生子，那么你认为和那些有兄弟姐妹的人相比，自己有何不同（如果有区别的话）？

6. 从文章中选择两个语句，然后分析。

良师

尼尔森·古德

　　导师通常指的是一位经验丰富的长者，他可以促进他人的进步（通常是在工作或专业领域）。研究显示，在全面掌握一个组织中所要求的才能的过程中，拥有一位好的导师对个体的成败有很大的影响。这并不是说如果你没有导师，就不可能在工作上取得成就。举例来说，许多女人都有一小群女性导师指导她们行事（如果克服了性含义，男性导师也具有同等效力）。卡尔·罗杰斯，一位杰出的心理学家，曾经说过自己没有导师。

　　真正的导师具有多重功用：模范、保证人、评估者、老师，以及工作上的朋友。一位良师可以向学生说明，尽管他（她）在某类任务中表现很好，但是另一类任务却对他（她）未来的进步更加重要。作为向导，良师能够规划出所有可能的路径，演示怎样避开出现问题的地点和人，确保有人注意到学生的工作，并对学生的心理及社会生活表示关心。

　　全面指导关系通常包括四个发展阶段：初始、培养、分离（当导师与学生很少在一起时），以及重新定义（这段关系要么结束，要么演变成另外一种关系）。有时关系的结束是负面的（比如，学生开始不认同导师的意见，我行我素）。不论结果是积极的还是消极的，大部分男性学生结束学生身份，为的是"成为独立的男人"，丹尼尔·莱文森如是说。

导师也可以从这一过程中受益，因为他（她）能够分享经验和知识。导师帮助组织提供一种内在的凝聚感，此外他们还常常是别人感激的对象。

有些组织试图提供系统化的指导。我在这里不得不很残酷地指出，研究显示，拥有一位拙劣导师的后果比根本没有导师的情况更糟糕（Kail & Cavanaugh, 2004）。

参考文献

Kail, R.,& Cavanaugh, J. (2004). *Human Development*. Belmont, CA:
    Thomson/Wadsworth.

追踪问题

1. 如果你曾经有过（或现在有）一位导师，运用文章中的观点分析你的这种经历。如果你过去没有（现在也没有）导师，评估导师是否会对你的工作带来影响。

2. 如果你是（或者过去是）一位导师，运用文章中的观点分析你的相关经历。

化解冲突

大卫·约翰森

当你和他人发生冲突时，你需要考虑两个主要问题：

1. 达到你的目标

每个人都有自己渴望达到的目标。人们之所以会发生冲突，是因为自身的目标和其他人的目标发生了冲突。你可以将自己的目标放在一个连续体上，按照重要性（从无关紧要到极其重要）排序。

2. 与他人保持良好的关系

有些关系是暂时的，而有些是长期的。有些长期的关系至关重要，而有些则是可有可无的。你可以把自己和他人的关系放在一个连续体上，按照重要性（从无关紧要到极其重要）排列。

对你来说，决定在冲突之中采取何种对策的应该是个人目标的重要程度，以及这段关系的重要程度。基于这两个因素，我们把用来解决冲突的基本策略划分成五种：

1. 乌龟（退缩型）

如果你的行为像乌龟，那就说明你放弃了你的目标和这种关系，正因如此，你避免了和对方的冲突以及问题。如果对方是一个心怀恶意的陌生人，那么回避可能是最好的选择。这种情况也适用于你希望避开冲突，直到你和对方都冷静下来、能够控制自己的情绪为止。

2. 鲨鱼（强迫型）

如果你的行为像鲨鱼，那就说明你在尝试不惜一切代价达到自己的目标，要求对方不要挡你的路，而不管这会对你们之间的关系造成多大的伤害。对你来说，当你的目标远比这段关系更重要时，比如你正在买一辆二手车，你就希望像鲨鱼那样向对方施加压力，以达到目的。不要对那些你很快就不得不再次打交道的人使用强迫手段。

3. 玩具熊（圆滑型）

如果你的行为像玩具熊，那就说明你会放弃自己的目标，为的是尽可能地维持这一关系。当目标对你来说并不重要而这段关系却意义重大时，你就希望像只玩具熊那样息事宁人。当同事对某个东西的渴望非常强烈，而你又无所谓时，息事宁人是个很不错的主意。当你这样做时，要表现出很好的幽默感，不要感到不快。有时，你可能需要表示歉意。跟对方说"对不起"并不意味着"我错了"。"对不起"可以让对方知道你对目前的这种情况感到很抱歉。当你认为对方的利益比自己的更明显或更重要时，可以息事宁人并让对方按照他（她）的想法去做。

4. 狐狸（折中型）

如果你的行为像狐狸，那就说明为了达成共识，你会放弃自己的部分目标，牺牲部分关系。当双方的目标和这段关系对你来说同等重要，而你们双方看起来都不能达到自己的目标时，你就会希望像狐狸那样采取商讨的方式。举例来说，如果金额有限，而你和另一位朋友兼同事都希望大幅度加薪，那么折中应该是解决这一冲突的首选办法。你们可以平分，一人一半，或者抛硬币来决定按照谁的意志行事。

5. 猫头鹰（协商型）

如果你的行为像猫头鹰，那就表明你会主动提出协商，意在确保你和对方都能达到自己的目标，同时尽可能保持友好的关系。你努力寻求能够满足你们双方的协议，并消除两人之间的紧张状态和负面情绪。当你的目标和双方的关系对你来说都非常重要时，你就会希望像猫头鹰一样行事，即正视冲突、进行协商以解决问题，考虑那些既能够满足你和对方的目标又可以让你们保持良好关系的解决方案。

每种针对冲突的策略都有其特殊的使用场合。根据你的目标和所处关系的不同，需要采用不同的策略（如下图所示）。在确定应该用这五种策略中的哪一种处理所面对的冲突时，需要牢记六项原则（Johnson & Johnson, 1995a, 1995b）：

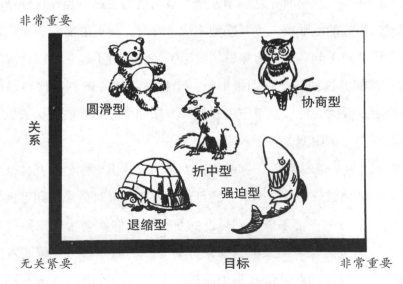

解决冲突的五种策略

1. 不要退缩或忽视冲突

当你的目标无关紧要，而且你也不需要和对方保持某种关系时，退出冲突应该是非常恰当的选择。但是，如果你们之间的关系还要继续，那么忽视这一冲突可能导致怨愤、敌对或恐惧等情绪。长远来看，面对一种既定关系中的冲突基本上是很容易的。

2. 不要参与只有输与赢的协商

当你的目标非常重要，但你们之间的关系无关紧要时，向对方施加压力、迫使其放弃应该是非常恰当的选择。但是，如果这种关系还将继续，那么你几乎不可能获得永远的胜利，因为被迫认输的一方很可能怀恨在心、伺机报复。长远来看，确保对方对冲突的解决方式感到高兴和满意基本上也是很容易的。

3. 评估息事宁人的方式

当你的目标无关紧要（或者远不如对方的重要），但你们之间的关系却非常重要时，息事宁人应该是非常适合的选择。但是，这种放弃你自己的需要以满足对方需要的方式，只有在对方知恩图报的基础上才有意义。但当这个目标对你来说非常重要时，采用这种方式就是错误的。

4. 时间有限时需要妥协

当你的目标和双方的关系对你来说同等重要时，你可能希望妥协。通常，在没有充足的时间解决问题时，才采用折中的方式。

5. 协商解决问题的方式

当你的目标和双方的关系对你来说都很重要时，你可以提出双方进行协商，看看怎样解决这一问题。你主动要求对方和你一起讨论如何解决这一问题，前提是对方很明理而且能够这样做。解决问题的最佳时机是问题刚刚出现时，这时问题还很小、很具体，而且易于协商解决。

6. 运用幽默感

幽默有助于保持冲突的建设性。笑声通常能够缓解冲突中的紧张气氛，并帮助争执的双方更有创造性地思考如何解决这一问题。

在根据这些原则行事时，还需要把下列方针牢记在心。

第一，要有管理冲突的能力，你必须具备运用每种策略的能力。这五种策略中的每一种都只适用于特定的情况，而你需要熟练掌握它们。

第二，有些策略要求争执中另一方的参与，而有些则需要你单独完成。你可以自己决定退出或息事宁人，但在施加压力、折中或者协商解决问题时，必须要有对方的配合。

第三，在某种程度上，这些策略互不相容，这意味着如果你选择了其中的一种，就不太可能再选择其他的。好比采取强迫策略之后，不太可能再采用息事宁人的策略。

第四，有些策略可能蜕变成其他策略。当你试图退缩，而对方却穷追不舍时，你很可能会奋起还击，采用强迫策略。当你打算息事宁人，但对方却还以愤怒和强迫时，你或许会退缩；而如果对方继续步步紧逼，那么你可能会转变成强迫型。强迫导致对抗。即使协商也可能恶化成强迫，这种情况包括：（1）时机不对，而对方没有积极地回应；（2）协商人缺乏必要的技能，无法有效地控制冲突。有时在时间短暂的情况下，协商会退化成妥协。

第五，在从高频率到低频率排列你所采用的策略时，需要注意你最常用到的第二和第一策略。当你感到非常生气和不安时，你很有可能会退一步启用备用策略。你需要对备用策略保持高度的警惕，就像对主导策略一样。出色的业务主管一般非常看重与他人的关系，因此主要采用息事宁人和解决问题的策略；与此相对应，无能的业务主管通常看中目标，因此主要采用强迫和退缩的策略。双方的关系在有能力的人眼中具有很重要的地位。因此，当冲突中的目标和需要对他们来说非常重要时，他们采取协商的策略，而当这些不重要时，则采取息事宁人的策略。在现存的关系中，尽管你不喜欢对方，但是息事宁人或者协商解决问题的策略通常都是不错的主意。

在某些方面，这五种策略体现了一种简单化的、便于管理绝大部分冲突的观点。人与人之间相互交往的复杂性远远超过他们最初针对冲突设定的解决方法。冲突可能恶化。在绝大部分冲突中，人们通常采用基本策略，随后启动备用策略，然后还可能借助另一些策略，这主要取决于对方的行动。你或许希望协商，但是迫于对方的压力，你可以向对方施压。

● 追踪问题 ）

1. 你经常重复运用的是这五种策略中的哪一种？这些策略在（1）达到你的目标，以及（2）保持良好的关系方面是否有效？举例说明，并加以评论。

2. 约翰森推荐选择一种主要策略和一种备用策略，以防主要策略不适用。努力将这一观点运用到当前的一个冲突中，然后报告结果。

3. 从文章中任选一个观点或语句，并讨论怎样将其运用到你解决冲突的经验中。

道歉的艺术

尼尔森·古德

　　布兰登再次站在法庭上——17年前，他因为被控强奸罪而入狱。检察官看着他，告诉他新的DNA检测证明他是无辜的，而他将被当庭释放。检察官随后补充说："我知道我们没办法补偿你过去的这些时间，为此我感到非常抱歉。"布兰登回答说："我接受你的道歉。"

　　英国历史学家托马斯·卡莱尔经过几个月的艰苦努力，终于完成了法国革命史的编写。随后他将手稿交给他的朋友约翰·斯图亚特·米尔审核。米尔接到手稿以后，无意中地将它放到了女仆用来做燃火材料的一堆废纸里。所有手稿付之一炬。米尔向卡莱尔真诚地道歉，表明自己真的非常伤心和自责。他还给了卡莱尔一大笔钱作为部分赔偿，而这些钱足够支付他一年的账单。卡莱尔给米尔写了一封信，信中写道："昨天晚上你离开时的表情让我久久难忘。我能做些什么或者说些什么来减少你的痛苦呢？因为我觉得你所遭受的悲痛远比我要强烈。"

　　道歉并不能消除对他人的冒犯，但是这通常在治愈由伤害、贬低、被忽略和背叛，或者造成损失而导致的感情裂痕时必不可少。这并不是说道歉可以为自己的冒犯行为开脱，或者必须被他人接受。但是想要修复裂痕或者建立一种关系，道歉就成为这个过程中的一个必要部分。那些致力于道歉和宽恕领域的专家们提出了下列建议：

1. 道歉必须是真诚的。那种迫于无奈的道歉，或者没有承担冒犯行为责任的道歉，对修复裂痕毫无用处。道歉的主要意图是挽救或重建一段关系。犯错的人必须要有诚意。

2. 若要道歉发挥作用，那么犯错的人必须努力表明他（她）是应该被责备或感到羞愧的一方，或者是他（她）做错了事、行为不得体、误解他人或非常愚蠢。道歉是一种减少被冒犯人的伤痛和羞耻感的尝试。

3. 成功的道歉包括三个组成部分：（1）说明并承担冒犯行为的责任（表明你知道自己做错了什么，以及它产生的影响）；（2）解释你为何做出这种错误行为（这表明你对保持你们之间的关系感兴趣，而你将来不会再这样）；（3）表示真正的后悔。

4. 除了口头道歉，其他赔偿方式也很有用，比如金钱补偿、礼物，或者一两次帮忙。

5. 道歉的时间非常重要。有些道歉应该立刻做出（比如让某人感到尴尬，或者把液体洒在他人的衣服上时）；而对于严重的冒犯，道歉可能需要延期——或许是几个星期，或许是几个月——以开始恰当的道歉程序。

6. 纳撒尼尔·韦德和埃弗雷特·沃辛顿（2003）对宽恕和不可宽恕的情况做了区分。宽恕意味着放弃仇视、羞辱、报复、惩罚和赔偿需要。而不可宽恕指的是怨愤、敌对或讽刺的感受，这些感受来自人与人之间的冒犯行为。他们指出，可以在未能宽恕的基础上减轻不可宽恕的感受。许多人发现，有些冒犯行为过于严重，因而自己不能完全宽恕对方，但是他们又渴望能够超越不可宽恕所带来的破坏性情绪。能够减少不可宽恕的感受的方式包括：寻求赔偿、重新界定事件和情况、寻求法律公正、强调控制、接受伤痛等。

亚伦·拉塞尔（1995）总结了道歉的动力，内容如下：

> 道歉最大的障碍无疑是我们的信念：道歉是一种懦弱和承认罪行的信号……我们否认自己的冒犯行为，并希望没人注意到。实际上，道歉是一种有力量的展现。这是一种诚实的行为，因为我们承认自己做错了；这是一种慷慨的行为，因为它重建了被我们冒犯到的人的自我概念。它为修复关系提供了希望。（p. 78）

● 参考文献 ）

Lazare, A. (1995). Go ahead, say you're sorry, *Psychology Today*, January/February, 40–43, 76, 78.

Layton, M. (1999). Apology not accepted, *Utne Reader,* 92, March-April, 45–50.

Wade, N. G., & Worthington, E. L. Overcoming interpersonal offenses: Is forgiveness the only way to deal with unforgiveness? *Journal of Counseling and Development*, 81, Summer 2003, 342–252.

● 追踪问题 ❱

1. 从文章中选择一个主要观点，并讨论你的想法。

2. 列举别人向你道歉的例子，并讨论其效果。

3. 列举你向别人道歉的例子，并讨论其效果。

4. 实际运用文章中的一个或多个观点，然后报告结果。

错过的万圣节

尼尔森·古德

当你10岁的时候，万圣节就意味着可以用整整4个星期的时间来计划你想做的。其中一个就是，你希望确定你的服装与其他人的不同，这就要求你四处察看。然后，就是计划路线的问题——这条路线要求你最先到达能够给你很多好东西的人家，要不然东西就被分完了。这就意味着你需要在社区中往返好几趟，从一家跑到另一家，冲进预定的人家，然后再赶紧跑回来拜访你刚刚漏掉的人家。和那些疯狂的大人们打交道也很重要，就像派瑞斯先生和太太，他们穿上怪物的服装，从藏身的家具后面跳出来试图吓唬小孩子——如果你尖叫的声音真的很大，至少对"窃笑"酒吧来说是有好处的。当你转完了所有的预定人家之后，你和朋友们一定要去敲沃伦先生家的门。我们知道他在家，但是他不会前来应门，同伴中有一个在外面放哨，其余的就往他的窗户上抹肥皂。毕竟这是不给糖就捣蛋的一个"恶作剧"。在路上，我们会藏在一棵大树后面，等妹妹和她的朋友们走过来，我们就突然间尖叫着跳出来——尖叫声在夜晚回荡，直到12月。年纪大一点儿的万圣节老手们还会记得自己无私的父母们，因此会和他们分享一些战利品，都是些苹果、胡桃和其他你不喜欢的东西。

万圣节的每件事都计划得很完美，除了我不能参加以外。在万圣节前3天，因为嗓子痛和脖子僵硬，我不得不待在家里。镇上的医生来看过我——随后又来了，在对我做完全身检查后，他告诉我的父母"他得了脊髓灰质炎"。我被迅速送入卡拉马祖市的一家大医院，就在整天看着窗外另一栋建筑物的墙壁中度过了万圣节。

一个10岁的孩子不会像年纪大一些的人们那样对这类事情感到沮丧。我感到困惑和担心，但是没有闷得发慌。其中的部分原因是，疼痛并不严重，而且每个人都很关心我。护士们在把冒着热气的药包放在我的背上和腿上时，会给我讲笑话。医生们只要求我做些简单的动作，比如伸手够我的脚趾，当我做不到时，他们就说这样也没关系。爸爸和妈妈经常来看我，而且给我带了一台收音机、我最喜欢的食物，他们的行为举止看起来很正常，这是一种当父母感到害怕却不能让自己的孩子们知道时才会有的表现。此外，我还会定时收到一些卡片、糖果和漫画书。靠着这种方式，我成了一个小名人。

大约过了一个星期，我被转出了隔离病房，住进了一间大房间，里面还有其他5个患了脊髓灰质炎的孩子。有些孩子的情况看上去很糟糕。就像约翰尼，他带着矫形器，不能走路，所以我得把他的床拉过来，以便大家一起玩纸牌。还有个叫麦克的家伙，6岁，从来没有人来看他。他总是在夜里抽泣、大哭，以至于最后我们不得不让他闭嘴，但是他仍旧哭个不停。

"世界卫生组织预测西半球有望消灭脊髓灰质炎"——就是在读这则新闻时，我的记忆被唤起了。我是那些最后完全康复的幸运儿中的一个。约翰尼则留下了永久的残疾。我不知道晚上一直哭个不停的那个家伙怎样了。我确实记得在我错过万圣节的那年，乔纳斯·索克尔研发出了脊髓灰质炎疫苗。这种疾病曾经给我们许多人带来了一段很糟糕的日子。但是万圣节和脊髓灰质炎只是我真正故事的背景而已。

在医院的那段日子，我每天都能收到至少两张卡片，都是同学们寄给我的。总是有一张卡上写着一个字谜，而第二天的一张卡上写着答案，然后再来一个新字谜。平常的5年级学生是很难表现得如此可靠的，但是勃洛克夫人执教的5年级里的10岁孩子们做到了。

勃洛克夫人是传统学校思想的发起人之一，她看上去好像有90岁。对她来说，副词、分数和正确的标点符号就是令人心醉神迷的表达。没有人敢质疑这些真理。她的表情严厉，而且能够扭曲到连马克斯·桑德茅斯都感到害怕——当他急切希望表达自己的内心想法时。就算是她慷慨的行为都要让你付出代价。如果你的生日刚好是上课的日子，那么勃洛克夫人就会给"这个幸运的学生"一毛钱，并告诉你要请客——请所有人。然后这个学生不得不受到同学们的夹攻，而她则是最后一个祝你好运的人。勃洛克夫人住在山上的一间房子里，四周绿树环绕，没有人知道她的情况。我必须承认，那时候，6个星期不用见到勃洛克夫人，对我来说就像在找借口休假一样。现在我想知道："为什么同学们送我那些卡片？"

接下来是G小姐。G小姐是我们的音乐老师。在她来之前，几乎我们所有人都很喜欢音乐。其他音乐老师让我们唱歌，就好像我们是春天的野云雀，就好像音乐是一种高兴的机会、一种人类的崇高权利。

但是G小姐有她的标准——我们要成为礼拜堂的唱诗班。我和G小姐之间出现了矛盾，这全都是因为我低沉的嗓音——我在那时候就是男中音。因为我个子矮小，所以G小姐认为我的嗓音应该高亢，因此她告诉我要唱得更高。我努力了，但是只能做到唱的声音比较大而已。所以她说我是装的。我们为此争论了很久。我从G小姐那里得到了第一个"S-"。她甚至在我身患脊髓灰质炎、不在学校上课的时候给了我一个"S-"。然后我发现，老师们也有自己的个性：像G小姐这样的老师，我们说她"可怕"；而勃洛克夫人只能是"严厉"，而不是"可怕"。

在我从医院回来的两个星期里，我仍旧待在家里，努力恢复肌肉的力量。这天，妈妈告诉我应该穿好衣服，到客厅来。

"为什么？"我问道。

"因为，"妈妈回答，"有一辆校车停在我们家院门前，而你5年级的同学们都到门口了。"

我甩掉睡衣，穿上衬衫和裤子，试图跑到客厅，但是我的肌肉虚弱无力，我一下子摔倒了。我爬起来，坐到沙发上，勃洛克夫人刚好敲门。

"古德夫人，我们能看看尼尔森吗？就几分钟。"她问妈妈。

"当然可以，勃洛克夫人。"妈妈回答。勃洛克夫人带着一行人走进房间，然后问我情况怎么样，还随手给了我一件小礼物。我所能做的就剩下鼓足勇气说："很好……呢……谢谢您，勃洛克夫人。"

同学们也给了我几件礼物，我们闲聊了一会儿，随后他们离开了。

教育系统每年都会进行评定"优秀教师"的调查。现在，我建议他们把勃洛克夫人加入名单之中。

🔵 追踪问题 》

1. 想想你从小学到现在最喜欢的那些老师。是哪些品质让他们与众不同？你曾经告诉过他们对你来说他们意味着什么吗？（如果没有，你打算什么时候让他们知道？）

2. 老师对你的发展产生过哪些影响（无论是好的还是不好的）？

第一部分 应用活动

重要他人的观点问卷

重要他人指的是那些影响你认识自己的人。重要他人可划分为家人、爱人、配偶、朋友、同事、老师、督导、导师，等等。每个人都可以自己确定谁是自己的重要他人。

这一活动要求你的重要他人提供他们对你的看法。重要他人的一个作用是他们能够看到我们没有意识到或者我们认为隐藏的东西。他们能够提供一些有用的线索，告诉我们如何看待生活。本文提供了重要他人观点问卷样例。

如果你选择尝试本活动，可以参考下列建议：

1. 努力获得至少7位重要他人的答卷。这是用于分析和解读所必需的最少数量。

2. 确保重要他人在填写问卷时感到很惬意，这有助于获得真实的答案。有时，一位重要他人可能不愿意填写这类问卷，因为这可能会导致尴尬的对话，或者他为了取悦你给了自己太多压力。有些人也许会要求你为他们填写一份问卷。不要要求重要他人讨论自己的答案——如果他们愿意，当然就可以讨论。

3. 给他们充足的时间，让他们能够参与这一活动（有时可以采用邮寄问卷的方式）。如果需要，提供一个写明（你或你导师的）地址、邮资已付的信封——电子邮件也可以考虑。

4. 从你的角度给自己做一份重要他人观点问卷。

5. 分析和解读建议：

（1）当收集齐所有的问卷后，列出针对每个问题的所有答案。

（2）查看每一个问题的典型答案和相同的回答。记录这些答案，并圈出对你有影响的那些（正面的或负面的）。

（3）努力真正地"倾听"这些人的意见。努力不让自己摒弃某个回答——因为它让你感到困扰或者你不认同它。在评判或批评任何意见之前，要保持开放的心态。

（4）你的答案和那些重要他人的比较起来，有何异同？哪些回答让你感到吃惊或者出乎你的意料（如果有的话）？有没有需要你进一步探索的评论？评论有没有暗示特别的行动步骤？

6. 讨论或记录你从中学到的知识。

观点问卷

您已经被＿＿＿＿＿＿＿列为对他（她）生活具有重要影响的人。作为小组活动的一部分，需要征求您对他（她）的个人看法，所以您需要完成下面这份问卷。您的意见和评论非常重要，本人将不胜感激。您不需要在问卷上署名。

您的评论不会用于确定此人的分级归类，或者个人参考。当您回答每个问题时，请尽量保持开放和坦诚，而且需要从您自己的角度回答，而不是根据您认为其他人看待这个人的方式。

您可以通过下列两种方式中的任意一种返还这份问卷：

　　1.完成问卷后，请直接交还本人或者通过电子邮件发送。

　　2.如果您用打印的方式，不要在问卷上面写您的名字。请将完成的问卷通过邮寄的方式递送给小组负责人。（已经为您提供了一个写明地址、邮资已付的信封。）负责人收到信件后，将直接把您的问卷转交给本人，不会透露出处。

回忆上面提到的那个人，然后尽量诚实地写下答案。如果您想不出恰当的词语或者选择放弃回答某个问题，那么可以不在空白处写任何内容。

1.当你想到这个人时，脑海中立刻出现的三个形容词（特征）是：

2.这个人持续表现出来的力量（至少三种）包括：

3.（1）这个人具有某种潜能或能力，但没有全面发展的是：

　　（2）进一步发展这种能力的一种方式可能是：

4.（1）这个人全面实现个人成长的一个障碍（不论是外部因素还是个人因素导致）是：

　　（2）克服这一障碍的一种方式应该是：

5. 我认为接下来的一年对这个人来说将是非常关键的一年，他需要：

6. 如果我可以给这个人一份礼物（有形的或者无形的），让他（她）的生活立刻变得不同，那么这个礼物应该是：

谢谢您的努力与合作。

爱情地图

编者注：戈特曼和斯尔沃认为，明智的夫妇对彼此的世界非常熟悉。他们记得对方过去的一些重要事情，而且在不断更新这一信息库。他们把这叫作爱情地图。拥有详细的爱情地图的夫妇对应付应激源、创造共识做了更好的准备。

说明：和你亲密的重要他人一起努力回答下列有关对方的问题。回答内容的精确度越高，爱情地图涵盖的范围就越广。

1. 两位关系密切的朋友
2. 一种业余爱好或休闲活动
3. 出生地
4. 一位喜欢的亲属
5. 喜欢的食物
6. 一项当前的压力或挑战

7. 一种恐惧的事物

8. 一个没有实现的梦想或渴望

9. 最喜欢的做爱时间

10. 获得支持的最大来源（除了你自己之外）

11. 即将发生的事件的本质，以及对它有何感想

12. 生活哲学或宗教信仰

13. 对金钱的看法

14. 最喜欢的音乐家或演员

15. 健康或医疗问题

16. 最喜欢的假期（并说明原因）

17. 理想的工作和假期

18. 一个遗憾或一次挫败

19. 一项主要的成就或一个重要的成功经历

20. 喜欢一起做的活动（除了做爱以外）

● 追踪问题 ）

说明你从这项活动中学到的知识。

英雄人物和角色榜样

一个人达到了人类最大的可能性，我们就会把他（她）视为英雄。这些人是我们努力奋斗的最佳向导和榜样。就算我们心目中的英

雄有一两个小缺点，也只会让他们看起来更强大，因为每个人都有缺点。一个英雄人物通常具有某些特质，这些特质能够超越某种特别的规范。我心目中的一个英雄是梅纳德·费格森，一位爵士小号手。他的确鼓舞了我坚持小号演奏，而他的持久不衰和献身精神一直为我所崇拜，因此我努力在自己的教学工作中仿效他。英雄人物为我们的生活提供了明确的标准和存在方式。

角色榜样是指在某种特殊的生命角色中展现出极其重要的技能和个人品质的人。我们大都知道这些人。我们希望成为他们那样的人，并为此努力，这表现在工作中、为人父母的过程中或者作为一名公民时。角色榜样和英雄人物一样，都是鼓舞人心的，但是他们的影响也许能够延伸到某种特殊的角色之外，也许不能。

我们的英雄人物和角色榜样帮助我们界定为人处事的范畴，并塑造我们的价值观。努力尝试下列活动，看看他们对你的生活有何影响：

1. 简单列出从你童年早期到现在的英雄人物。这些人物可以是虚构的，也可以是真实存在的；他们可以是历史人物，也可以是当代人物。谁能够以你喜欢的方式激励你，从而让你开始模仿他（她）的行为？

2. 检查你的清单：这些英雄人物表现出了哪些特质？你现在心目中的英雄对你的生活有何影响？

3. 想象一下，你心目中的一个英雄和你交谈了5分钟。你认为他要对你说些什么？

4. 鉴别你的几个角色榜样。你拥有他们具备的哪些特质？你还需要培养哪些特质？

5. 讨论或记录你的回答以及你所学到的知识。

第二部分

情绪与感觉

从下面的清单中，勾选出5种你最常经历的情绪状态：

_____	1. 兴奋的	_____	16. 生气的
_____	2. 害怕的	_____	17. 骄傲的
_____	3. 自信的	_____	18. 尴尬的
_____	4. 惭愧的	_____	19. 勇敢的
_____	5. 安静的	_____	20. 受伤的
_____	6. 绝望的	_____	21. 惊奇的
_____	7. 快乐的	_____	22. 拒绝的
_____	8. 孤独的	_____	23. 信任的
_____	9. 钟情的	_____	24. 不安的
_____	10. 忌妒的	_____	25. 有灵感的
_____	11. 惊讶的	_____	26. 无望的
_____	12. 内疚的	_____	27. 自发的
_____	13. 友善的	_____	28. 愤怒的
_____	14. 厌恶的	_____	29. 羡慕的
_____	15. 沉思的	_____	30. 困惑的

检查一下你的选择，很可能绝大部分都是奇数选项。奇数选项是我们经历的正面情绪。偶数选项则是绝大部分人不希望体验的情绪状态。上面所列出的情绪状态只是人类能够体验到的众多情绪中的一小部分。情绪就像颜色一样，能够混合形成几乎无限种可能。举例来说，如果你感到幸福，你可能会经历满足、快乐或欣喜若狂。如果你生气了，那么这个范围可能包含从烦恼到愤怒。

身为人类就意味着要体验丰富而复杂的情绪。几乎每个人都和自己的情绪有着某种获取–回避的关系。我们欢迎某些情绪，却抗拒甚至拒绝其他情绪。我们能够轻易地表露出一些情绪，却在表达另一些情绪上存在问题。有时我们甚至极力隐瞒自己的感觉，却因为一个用脚打拍子的动作或抖动的双唇而露了馅。偶尔，人们利用一种情绪掩盖另一种（比如，我们感到被人拒绝，却以生气来表示；或者当自己喜欢另一个人时，却表现得很冷漠、无动于衷）。我们知道自己有许多"不喜欢的"情绪，比如焦虑，这些情绪向我们发出了有益的警告，但是我们却常常不喜欢这种信息，并且责备"信使"。

如果我们的思想好比图书馆里书架上的书籍，那么我们的情绪就像在图书馆里徘徊的野生动物：有些很调皮、很好奇；有些非常安静、非常胆小；有些闷闷不乐地坐在角落里；有些则在灯光熄灭后大声咆哮、鬼鬼祟祟地踱来踱去。我们理性的思维可能被情绪压倒。卡尔·荣格认为，只有当某种情况中的情绪性没有超过某个关键的限度时，理性的讨论才可能获得成功。简而言之，有时我们需要给自己的情绪盖上盖子。

有时，在完全体验某个生命事件的过程中，应完全地表达情绪。维多利亚·林肯在一篇短篇故事中解释了其中的原因（这篇文章于1946年9月28日发表在《纽约人》杂志上）：

为什么我们从来没有准备好，为什么当事到临头时所有的书籍和朋友给我们的忠告都派不上用场？我们读过多少临终道别的场面，读过多少有关年轻人恋爱或者婚姻不忠、夙愿未了、成功或失败的故事？那些没有再次发生的事情可能不会落到我们头上，那些我们没有读得滚瓜烂熟又没有严密、仔细、精确记录的事情也不会找上我们。在我们完全开始生活之前，有关人类心灵的故事已经一而再，再而三地摆在了我们的面前——带着人类大脑可以理解的所有耐心和技巧。但是等事情发生时，我们才发现，它一点儿都不像书里所描述的那样。它很奇怪、完全陌生，而我们只能无助地面对它，并意识到其他人的话全是废话，根本没用。

情绪可以带给我们什么好处？或许回答这个问题最好的方式是：想象一种根本没有情绪存在的生活。你爱某个人，而你也被爱吗？你会怀着极大的喜悦期盼一场即将开始的音乐会或体育赛事吗？你有发现焦虑、内疚、愤怒或嫉妒实际上可以帮助你不时地表现更好吗？想想你生活中任何具有里程碑意义的事件或时刻。如果没有情绪，它可能成为里程碑吗？爱默生曾经说过："没有热情就无法取得伟大的成就。"正是情绪，为我们的生活提供了一种存在感和神秘感。仅情绪就可导致一种混乱的存在状态。但是仅思想就可导致一种沉闷、乏味的存在状态。我们所希望的最佳状态依赖于受适宜的情绪驱策的健全思想。

这部分挑选的文章包括：

➤ 在《测测你的情商》一文中，丹尼尔·戈德曼认为情绪智商是成功生活的必要条件。

➢ 在《满腹怨言》一文中，尼尔森·古德着重探讨了抱怨如何揭示一个人的幸福状态。

➢ 韦恩·戴尔在《忧心忡忡》一文中指出，担忧根本没有必要。

➢ 丹尼尔·舒格曼和露西·弗里曼在《焦虑积极的一面》中解释了焦虑如何能够成为一种积极的成长源泉。

➢ 在《孤独的起因》一文中，小威廉·塞德勒探讨了孤独的五个范畴。

➢ 在《喜悦的火花》一文中，亚伯·阿可夫介绍了体会幸福的一种强大而简单的方式。

➢ 韦恩·戴尔在《愤怒》中探索了愤怒产生的原因，以及应对愤怒的策略。

➢ 抽象的原理是真实生活的合理向导吗？尼尔森·古德在《原则这回事》中讨论了这个问题。

➢ 乐观和悲观的优缺点是亚伯·阿可夫的《乐观与悲观》一文的主题。

➢ 在《我的暴君》一文中，汤姆·佩顿探讨了自我强加的负担。

➢ 桑福德·科利在《濒死的父亲》一文中以第一人称描述了自己的亲身经历。

➢ 朱迪思·维奥斯特在《失去和悲痛》中，针对"丧失"的三个阶段进行了详细的讨论。

　　参阅每篇文章末尾的追踪问题和本部分结尾的应用活动以对相关主题做深层次应用。

测测你的情商

丹尼尔·戈德曼

纽约，一个雾蒙蒙的下午，天气让人感到压抑和不适。我正在回旅馆的路上，当我刚刚踏上一辆公共汽车时，公共汽车的驾驶员——一位中年男人，面带热情地微笑着和我打招呼。

"嗨！你好！"他说——他用同样的方式跟所有上车的乘客打招呼。

当汽车驶入非商业区，在网格状的交通网中缓慢穿行时，司机给大家做着生动的解说："那家商店正在大甩卖……这家博物馆正在举办一场精彩的展览……你们有没有听说过这个街区的电影院正在上映的那部影片？"人们下车时已经甩掉了阴郁的表情。当司机大声说"再见！祝你们今天好心情！"时，每个人都笑着回应他。

这个记忆一直伴随着我，快20年了。我认为这位公共汽车司机是一位真正在自己的工作岗位上获得了成功的人。

而杰森正好和他相反。杰森在佛罗里达的一所中学就读，他的学习成绩非常优秀，并将哈佛医学院作为自己的未来目标。在一次物理小测验中，老师给他打了80分，这名男孩认为自己的梦想即将破灭。

于是他拿了一把刀到学校找那位老师算账。在争斗中，老师的锁骨被刺伤。

　　为什么这个看起来非常聪明的人会做出这种失去理性的事呢？答案就是高智商不一定预示一个人能够在生活中获得成功。部分心理学家认为在决定成功的各种因素中，智商只占20%，另外80%则由其他因素决定，其中包括我们所说的情绪智商（emotional intelligence），即情商。

　　下面介绍一些构成情商的主要品质，以及培养这些品质的方法：

　　1. 自我意识

　　能够适时地识别一种情感的出现是情商的要旨。能够切实把握自己情绪的人能够更好地驾驭自己的生活。

　　发展自我意识要求注意"身体的指示器"（somatic markers）——这是神经学家安东尼奥·达马尼奥在其著作《笛卡儿的错误》中提出的，字面的意思是"内心的感觉"。内心的感觉能够在一个人不知道、不觉得的情况下发生。举例来说，当给那些怕蛇的人看一幅蛇的图片时，附在他们身上的传感器便能检测到出汗的迹象，这是一种焦虑的征兆，尽管人们嘴上说他们并没有感到害怕。就算图片在他们眼前一闪而过，他们都没来得及意识到自己看见了画面上的蛇，他们还是会出汗。

　　通过有意识的努力，我们能够更加明白自己内心的感觉。就拿一个对几小时前遇到的粗暴对待一直恼怒不已的人来说，他可能忘记了自己易怒的脾气，所以当别人提醒他注意时他可能会感到非常惊讶。但是如果他能够评估自己的情感，他就可以改变这一切。

情绪上的自我意识是构成情商的基本要求，在此基础上，人们能够进一步摆脱坏情绪。

2. 情绪控制

好情绪和坏情绪是调剂生活的要素，也是形成个性的要素。关键在于，两者之前应保持平衡。

当坏情绪淹没我们时，我们通常很难控制自己。但是我们可以决定那种情绪要持续多久。凯斯西储大学的心理学家戴安·泰斯调查过400多位男女，询问他们摆脱恶劣情绪的策略。她的研究和其他心理学家所做的同类研究为如何改变坏情绪提供了重要的信息。

在人们希望摆脱的情绪中，愤怒看起来是最难对付的一种。当公路上的另一辆车加塞挡在你的前面时，你条件反射性的想法可能是："那个混蛋！他可能会撞上我！我不能就这样让他离开！"你越是着急，就越生气。这就是高度紧张和横冲直撞地开车的原因。

怎样才能缓解愤怒呢？一种荒诞的说法是尽情地发泄将让你感到好过些。事实上，研究人员发现这是最差劲的一种策略。愤怒的爆发刺激了大脑的唤醒系统，从而让你更生气，而不是不生气。

一种行之有效的技巧是"重新构想"，这里的意思是指有意识地重新解读某种局势——从一种更为积极的角度。在别的车加塞挡住你去路的这个案例中，你可以这样告诉自己：他可能遇到了紧急情况。泰斯发现，这是平息愤怒最为有效的一种方式。

一个人离开，让自己冷静也是一种有效消除愤怒的方式，特别是当你不能清楚地思考时。泰斯发现，大部分男性通过开车兜风的方式让自己冷静——这一发现启发她开车时应更为谨慎。另一种比较安全的替换方式是锻炼，比如长距离走路。无论你选择哪种方式，都不要把时间浪费在死抓着生气的想法不放上。你的目的应该是转移自己的注意力。

重新构想和分散注意力的技巧能够减轻抑郁、焦虑，以及愤怒。借助类似深呼吸和冥想这样的放松技巧，你就拥有了一种对抗坏情绪的武器。泰斯还说过："祈祷对付所有坏情绪的效果都很好。"

3. 自我动机

积极的动机包括热情、狂热和信心，这些情感对成功来说极其重要。针对奥林匹克运动会选手、世界级的音乐家和国际象棋大师的研究显示，这些人的共同特征是拥有激励自己不屈不挠地进行训练的能力。

激励自己取得某种成就要求你具备明确的目标，以及乐观、肯做的态度。宾夕法尼亚大学的心理学家马丁·塞利格曼建议大都会保险公司聘用一个专门小组，这个小组由那些在乐观测试中得高分的应聘者组成，尽管他们在常规的能力倾向测验中往往未能过关。与那些能力倾向测验过关，但在消极测验中得分很高的销售人员相比，这一小组的销售业绩在第一年整整高出21%，在第二年则高出57%。

悲观主义者很可能把拒绝解读成"我是一个失败者，我永远都做不成销售"。乐观主义者则告诉自己：我肯定是用错了方法，或者那个客户当时心情不好。乐观主义者将失败归咎于局势，而不是自己。这样他们就能够激励自己进行下一次拜访。

积极或消极的观点或许是与生俱来的，但是通过努力和实践，悲观主义者能够学会朝着更有希望的方向思考问题。心理学家们证明，如果你能够及时抓住负面的、自我挫败的想法，那么你就能够以一种新的方式重构当时的情况，不再感到大难临头。

4. 冲动控制

情绪自我调节的本质是有能力推迟达成目标过程中的冲动。这一特质对成功的重要作用在一项实验中得以体现，该试验开始于20世纪60年代，进行这一实验的是心理学家沃尔特·米歇尔，实验地点在斯坦福大学附近的一所幼儿园。

孩子们被告知每个人都能立刻得到好吃的东西，比如一块棉花糖。不过，如果他们能够在实验员出去办事的时候老老实实地等着，那么他们就能得到两块棉花糖。有些孩子立刻抓了一块棉花糖，但是还有一些能够在那里等待。对学龄前儿童来说，20分钟就好像没有尽头一样漫长。为了让自己能够在心理斗争中把持自己，他们采取了一些措施：有的挡住自己的眼睛，这样就看不到诱惑了；还有的把头枕在胳膊上，自言自语、唱歌，甚至努力让自己睡觉。这些勇气可嘉的孩子们得到了两块棉花糖。

这项实验有趣的部分还在后面。当这些能够为了得到两块棉花糖而苦等20分钟的孩子们长大成为青少年之后，他们依然能够在追求自己目标的过程中推迟获得奖赏的时间。他们具有更灵活的社交能力，更能自我肯定，能够更好地应对生活中的挫折。相对地，那些立刻抓起一块棉花糖的孩子在进入青春期后，更有可能变得固执、优柔寡断，更容易紧张。

我们可以通过实践的方式培养抗拒冲动的能力。当你面对一种即刻的诱惑时，提醒自己要看到长期目标——无论是减肥还是拿到医学学位。然后，你就会发现其实远离一块棉花糖的诱惑很容易。

5. 社交技能

了解其他人感受的能力在工作、恋爱、友谊和家庭生活中都非常重要。我们能够以一种几乎察觉不到的微妙方式传送情绪信息和抓住其他人的情绪。举例来说，别人说"谢谢"的方式，可能会让我们感到被冷落、被施恩，或者被真正地感激。我们越是能够机敏地分辨其他人信号背后的情感，我们就越能控制自己所发出的信号。

卡内基梅隆大学的心理学家罗伯特·凯莱和在伊利诺伊州内珀维尔市的贝尔研究室进行研究工作的珍妮特·卡普兰提出了人际沟通技能的重要性。实验室里都是工程师和科学家，他们的智商测试得分都名列前茅。但是他们中有的脱颖而出成为明星，还有一些则黯然失色。

是什么造成了这样的差异？杰出的选手建立了自己的关系网，其中包括许多人。凯莱的研究发现：当那些非明星选手遇到技术方面的问题时，"他打电话给各种技术上的权威，然后坐下来等待回音，从而浪费了没有人回电话的这段时间。明星选手则很少遇到这种情况，因为他们已经建立了可靠的关系网——远在他们需要帮助之前。因此，当他们打电话给某位人士时，他们基本上总是能够快速地得到所需要的答案。"

再次提醒大家，真正区分明星选手和普通选手的不是他们的智商，而是他们的情商。

● 追踪问题 》

1. 针对下面列出的情商的5个主要品质给自己打分，或者找你非常熟悉的人给你打分。

$$1=很低　2=低　3=一般　4=高　5=非常高$$

（1）自我意识	1	2	3	4	5
（2）情绪控制	1	2	3	4	5
（3）自我动机	1	2	3	4	5
（4）冲动控制	1	2	3	4	5
（5）社交技能	1	2	3	4	5

2. 从情商的5个要素中选择一个或多个作为你自己进一步培养的品质，然后报告你的行动。

3. 观察其他非常善于运用情商的5个要求中的一个或多个的人，并报告你所学到的知识。

4. 控制情绪的一个更为有效的技巧是"重新构想"，即重新解读一种情况。在你的生活中尝试这种方式，然后报告结果。

5. 针对戈德曼的"在决定成功的各种因素中，智商只占20%"的观点进行讨论或记录你的想法。

满腹怨言

尼尔森·古德

我们的很多对话都包含抱怨、问题、苦恼、哭诉、怒吼，以及偶尔的歇斯底里。最近的一项调查列出了招致美国人不满的前四项主因，分别是电话推销员、其他车辆驾驶员、房子或汽车维修，以及排队等候或网上等待。也许你不认同这些引发不满的主要原因，你有哪些需要添加的？

根据亚伯拉罕·马斯洛的观点，不断抱怨是人类固有的一种反应模式。我们抱怨是因为我们总是有些需要没有被满足。马斯洛发现，抱怨是个人幸福感的一种有力的指示器。他认为针对不同的抱怨等级，必定存在一种对应的需要等级。他这样说道："抱怨你的玫瑰花园意味着你吃得好、穿得暖、住得好……不需要担心瘟疫流行。"（p. 240）

关于抱怨的理论，我们给出了下列几种实际应用指导：

1. 抱怨的水平

根据抱怨对个人幸福影响的大小，我们可以将其划分为几类。尽管在杂货店排队的问题在不断加剧，但是它还是被归入影响程度较小的一类。而没有足够的钱购买食物应该是个很大的抱怨（类似的主要问题还有健康危机、失业、生命安全受到威胁等）。如果你遇到一个技术很差的司机，你可以根据其危险程度进行归类。一个大风天可能吹乱你的头发（小的抱怨），也可以使你房子附近的森林大火越烧越旺（大的抱怨）。从这种角度来看，抱怨是衡量你自己生活状态的一种标尺。小的抱怨可能是因为快乐，也可能是由于愤愤不平。

2. 抱怨的响应

一个人如何响应抱怨和抱怨本身同等重要。其中的关键是保持平衡，也就是说，抱怨越小，表明对它的关注越少。发现咖啡店的薄荷茶卖完了并不是你对这家店嗤之以鼻的主要因素。当一个人遇到大的抱怨时，他／她也可能出现与之不相当的很小的抱怨响应。总的原则是：小的抱怨对应轻微的响应；中等程度的抱怨对应中度的响应；大的抱怨，则应该严肃对待。

如果对一个小的抱怨反应过度也很可能导致它升级为大的抱怨。一个学生可能花费很多时间，试图把成绩从"A–"提高到"A"，因而导致头痛、麻疹和坏脾气（即使成绩的提高和继续学习或找工作无关）。类似的例子还有对丈夫不停地啃自己指关节的习惯愤怒不已的妻子。在到达爆发点时，她伸手打了丈夫，而他也开始还手。最后情况升级为一场严重的冲突——丈夫的腿被打断，双方都住进了医院（真实案例）。

3. 抱怨的观点

人们总是喜欢只根据当下的局势判断一个人的总体幸福状况。工作上，你会抱怨会议太多、停车位太少、地毯太脏，以及不得不和一位总是午餐吃洋葱的同事面对面谈话。尽管或许几年前你还在担心自己能不能得到这份工作，以及你能否胜任等问题，但是这些以前比较重大的问题已经从你的雷达屏幕上消失了，取而代之的是独立于更大的历史背景之外的、重要性和存在感都被放大的抱怨。这类想法常常导致反应过度的错误行为（比如，你辞掉这份工作）。处理这类问题的关键是把你当前的抱怨放置到历史背景中进行核实，将大的抱怨化解为小的抱怨。

小组、组织，甚至社会都可以运用这种历史策略。举例来说，目前16到19岁的年轻人约有40％在做兼职工作（主要是为了挣些零花钱）。而在一个世纪以前，绝大部分青少年需要参加全职工作，为的是帮助家里维持生计。

4. 抱怨的对比

另一种策略是对比你的抱怨和其他人的抱怨。你的老板语气太重，可是她的老板总是无缘无故地解雇员工。他抱怨自己奔驰车的付款问题，你却不得不坐公共汽车上班。我讨厌电话销售员，对他们忍无可忍，直至读了一则有关一位销售员的故事：他不得不坐在一间拥挤的办公室里，每天要看一份8页厚的资料，然后打无数个电话，许多接到这位销售员电话的人都想让他读一遍那份8页厚的资料——他们感到孤独，只想听听另一个人说话的声音。

对比的方式存在一个潜在的陷阱。你总是可以找到一些情况比你更糟的人，而这种情况可能会制约你全面认识自己的抱怨，甚至引起你的负罪感。对比的关键在于帮助决定这个抱怨落在哪个层级上。看到其他人的情况不如你可能会让你对他们产生共情或同情，但是产生负罪感就不必要了。一位医生在下面的评论中提到了这种状况：

身为一位家庭医生，我已经学会了从患者的角度接受痛苦。当一位田径运动员来找我治疗膝盖的伤痛时，我不会对他说他没有权利哭泣——因为癌症病人所承受的痛苦远比他的要大。我不能对一位沮丧的人说她没有权利伤心——因为其他人的痛苦比她更甚。我不能嘲笑肥胖症病人意志薄弱，我当然也不能让他感到羞耻——只是因为其他人在盯着他看。

没有人知道怎样才能让自己的所有需要都得到满足，因此抱怨永远不会停止。马斯洛曾经说过："人们可以过着上流社会的生活或是下层阶级的生活，他们都只不过是处于刚刚在丛林中幸存的水平，或者他们也可以生活在一个有许多机会的社会中，在这里，他们生存所需的所有基本需要都能够得到满足……想想诗歌和数学这类事情的本质。"（1965，p. 236）

从你的抱怨来看，你现在的生活怎么样？

● 参考文献 ）

Maslow, A. H. (1965). *Eupsychian Management*. Homewood, IL: Richard Irwin, Inc. and The Dorsey Press.

● 追踪问题 ）

1. 针对本文的最后一个句子进行讨论。

2. 从文章中选择两个观点，然后解释你是否经历过这类情况。

忧心忡忡

韦恩·戴尔

担忧的心理报酬

1. 担忧是一种当下的行为——借着你未来生活中某个能让你目前的生活停滞不前的时刻，你可以逃离现状和正让你感到害怕的一切。举例来说，1974年的夏天我是在土耳其的卡拉米塞尔度过的，我在那里教学，同时编写一本咨询方面的书。我妻子和7岁大的女儿没住多久就一起返回了美国。我在埋头写作的同时，发现这是种带有强烈孤独感的、难以处理的工作——要求严格的自律。有时我坐在打字机旁边，纸已经放好了，页边距也设置好了，可是突然间，我的思绪跑到了女儿小特蕾西的身上。如果她骑自行车跑到街上而没有注意到过往的车辆怎么办？我希望在她游泳的时候，有人在旁边照看，因为她总是粗心大意。在我意识到之前，一个小时已经过去了，而我只是在担忧而已。这其实一点儿意义也没有。但是，真的是这样吗？不尽然吧。你看，只要我能把现在所有的时间都用在担心女儿上，我就不需要再为痛苦的写作苦苦挣扎了。这真是一种很好的回报。

2. 用担忧来充当停滞不前的理由，你可以回避承担风险。如果你现在一直在担心，你还能做什么呢？"我什么都做不了，我只是在担心＿＿＿＿＿＿＿＿。"这是一种常见的悲叹，它的回报是能够让你静止不动，避免采取冒险行动。

3. 你可以借着担忧来标榜自己是个富有同情心的人。担忧可以证明你是位好父亲或母亲，不错的妻子或丈夫，或者其他类型的好人。这是一笔可观的红利，尽管这种思维缺乏逻辑性、不够健康。

4. 担忧是某些自我拆台行为的一种唾手可得的理由。如果你体重超标，毫无疑问，当你担心的时候你就会吃得更多，因此你就有个非常好的理由紧紧抓住担忧的行为不放。同理，你发现自己在担心时烟抽得更凶，然后就可以以担忧为借口回避戒烟。同样的神经质回报系统还可以应用到很多领域，其中包括婚姻、金钱、健康等。担忧有助于你避免改变。担心胸口疼要比承担发现真相的风险而后不得不立即面对要容易得多。

5. 你的担忧让你不再关注现实的生活问题。一位忧心忡忡的人总是无所事事，因为他（她）一直在想着事情；一位实干家则必须不停地奔忙。担忧是一种能够让你懈怠的巧妙工具，而且显而易见，这很容易；如果想要回报更少，那就选择担忧，而不是积极投入。

6. 担忧可能导致过度紧张、抽筋、紧张性头痛、背痛等。虽然这些看起来不像是报酬，但是它们的确能招致其他人的大量关注，从而也证明大量的自怜自哀是合理的——有些人宁愿被人可怜也不愿意动手做事。

现在你明白了担忧的心理支持系统，所以可以开始采取策略，努力消除那些烦人的、以各种不正确心态为食的担忧臭虫。

消除担忧的策略

1. 开始把当下作为好好生活的时刻，而不是担心未来的时刻。当你发现自己忧心忡忡时，先问问自己："就算让担忧占据了现在的时间，我究竟又能逃避什么？"然后开始面对你之前一直在尽力避免的问题。对付担忧最好的矫正方法就是行动。我的一位患者，以前总是喜欢担心这、担心那，现在他告诉我自己最近已经克服了这种状态。他在一个度假胜地度假，有一天下午，他想去蒸桑拿。在那儿，他遇到了一个人，那个人因为担心，所以不能安心度假。这个人详细描述了很多事情——都是些我那位患者应该担心的。他提到了股市，但是认为不需要担心小幅度的波动。6个月以后，或许会发生严重的崩盘，而那才是真正需要担心的。我的这位患者确定他应该担心所有这些事，然后离开了。他打了1个小时的网球，和几个孩子踢了一场足球赛，和他的妻子一起参加了一场乒乓球比赛，他们都很高兴。大约3个小时以后，他回到房间洗了澡，蒸了桑拿。他的新朋友仍在那儿担心，并且开始罗列更多需要担心的事情。在相同的一段时间里，我的患者把自己当前的时间都花在尽情地享受生活上，而那个男人却只能在忧虑中度过。而这两个人的行为对股市没有任何影响。

2. 认识担忧的荒谬之处，不断地询问自己："如果我一直担心一件事，那么它会因为我的担心而变化吗？"

3. 只给自己很短的一段时间用来"担心"。每天早晨和下午分别抽出10分钟的时间作为自己担心的时间段，利用这些时间来烦恼你可能遇到的各种潜在的灾祸，然后，用意志力控制自己的思维，把其他更多的担心拖延到下一个指定的"担心时间段"。你很快就会明白，这种浪费时间的方式是很愚蠢的，而且你最终将完全消除这种担忧心态。

4. 将你昨天、上星期，甚至去年担忧的每件事都列在清单上，看看担心为你带来了哪些创造性成果，还要评估一下有多少你曾经担心的事情真正发生了。很快你就能明白担心完全是一种值得怀疑的、浪费时间的行为。这对改变未来而言没有任何用处。而当假设的灾难真正到来时，它可能已经变得微不足道，甚至是一件幸事。

5. 当你不由自主地担心时，看看这是否是件你能表达出来的事情。也就是说，停下来然后对另一个人说："看着我——我要开始担心了。"他肯定会被你搞糊涂了，因为你甚至不知道该怎样表达这种你常常做得很好的事。

6. 询问你自己可以消除这种担心的问题："发生在我身上（他们身上）最坏的事情是什么？这件事发生的可能性又有多少？"然后，你就会发现这种担心的荒谬之处。

7. 有意识地选择那种和你平时担忧的领域直接冲突的行为方式。如果你总是强迫自己为将来存钱，一直担心是否有足够的钱来度过另一天，那么就从今天开始花钱。就像富有的叔叔在他的遗嘱中所说的："要保持理性，我在活着的时候花光了所有钱。"

8. 开始借助你所拥有的创造性思想和行为面对恐惧。我的一位朋友最近在远离辛辛那提海岸的一个小岛上度过了一个星期。这位女士喜欢长途步行，她很快发现岛上有很多狗，而且是随处乱跑的野狗。她决定克服自己的恐惧和担心。她怕狗会莫名其妙地咬她，或者将她撕成碎片——这是最不幸的设想。她手里拿了一块石头（保障），然后下定决心在狗走近的时候不能表现出一点儿害怕的样子。甚至当野狗们向她咆哮并朝她跑来时，她都拒绝放慢脚步。而当野狗们往前冲，却遇到一个拒绝后退的人时，它们放弃了，随后跑开了。当然，我并不主张危险的行为，但是我的确相信挑战恐惧和担心是对付它们最有效的方式，这种方式可以将它们从你的生活中驱逐出去。

这些都是消除生活中担忧的技巧。但是你手中清除担忧最有利的武器就是你自己的决心——你决定将这种神经质的做法从你的生活中赶走。（更多信息，请参阅韦恩·戴尔的《你的误区》。）

● 追踪问题 ▶

1. 文章中提到的哪种担忧的心理报酬最适合你？讨论你的答案。

2. 尝试文章中提出的一种或多种消除担忧的策略，然后报告结果。

3. 从文章中选择两个语句或观点，然后进行解读。

焦虑积极的一面

丹尼尔·舒格曼　露西·弗里曼

　　焦虑是所有情绪中最令人痛苦的一种，为了不和焦虑正面冲突，许多人情愿做任何事。就像一个害怕去看牙医的孩子一样，他们让焦虑溃烂，而后导致心理的腐化。他们拒绝直接面对焦虑的建议，虽然这能够去除腐肉和长期的痛苦。为了保护自己不受焦虑的侵害，有些人耗费了很多精力，以至于几乎没有精力去享受生活的美好。

　　我们应当明白，决定情绪健康或病态的并不是焦虑本身，而是我们处理焦虑的方式。拒绝承认我们内心的焦虑将阻碍人格进一步发展的可能性。

　　被广泛使用的镇静剂有它好的一面，也有不好的一面。一方面，数百万人因为服用了这种药物而从焦虑中获得了充分的解脱，从而能够应付日常的困难；另一方面，不加选择地使用这些威力强大的药物也阻碍了许多人最终解决自己所面对的冲突。如果他们只是稍微有些绝望，那么他们或许需要寻求心理上的帮助，然后找出焦虑的根源。

焦虑的礼物

在我们这个快乐至上的社会中，许多人很难相信那些有点儿苦涩的东西也有价值。这就好比，尽管我们热爱太阳，但是下雨天对全盘计划依然非常重要。如果没有一点点焦虑，那么我们就会变得无精打采，没办法意识到那些从各个角度威胁我们安全的危险。焦虑引发的高度警觉让我们很容易探测到危险，并采取适当的措施应对它。

一位母亲对我讲述了她的亲身经历：有一天晚上，当她把8个月大的婴儿放到婴儿床上之后，她突然开始担心婴儿的健康。他看起来不怎么健康，好像要患上感冒；而且她也不喜欢他大哭时发出的声音。当她脑子里想着这些事躺在床上时，她辗转难眠。大约在凌晨2点钟的时候，她听到婴儿房间里传出来困难的呼吸声，于是赶紧冲到婴儿的身边，发现他哮喘发作、呼吸困难。随后，孩子被紧急送往医院的急救病房，因为抢救及时，所以保住了性命。在这个案例中（以及其他的案例中），如果没有母亲这一方的焦虑，那么悲剧可能就会发生。

我的一位病人，有一天晚上在看了关注乳腺癌的电视节目之后，变得非常焦虑，因此决定做一下乳房健康检查。让她感到恐惧的是，她注意到自己胸部有一个小肿块。在迅速做了活组织切片检查的48小时之后，检查结果表明这个肿块是恶性的。她切除了一个乳房，但是在5年后的今天，她仍然健康地活着。如果没有焦虑，结局可能完全不同。

我们常常羞于承认焦虑。由于从小接受英雄人物的情感灌输，所以我们往往对自己有着不切实际的期望。一只鹿或者兔子，不会受到勇气这种借口的阻碍，因此一看到危险的迹象，就立刻拔腿逃走，它们这样做的确可以确保它们继续生存下去。

焦虑是一种有待仔细学习的力量。承受着物理期末考试压力的学生可能会自动地拿起课本，挑灯夜战。结果，他可能发现自己不仅通过了考试，还学会了一些有关物理学的知识。而他那个无忧无虑——对学习不够用心——的同学可能发现自己的学习生涯永远地终止了——因为他考试不及格。

焦虑还为我们备上了一种充满压力的未来局势。一位需要发表一次重要演讲的人可能受到焦虑的驱使，因而不断地排练，而他练习的不仅仅是在台上的演讲，还应该包括他可能会感受到的害怕。当正视了对于这一事件预期中的恐惧之后，很有可能在演讲的当天，他就不会再那么害怕了。

成长的代价

随着我们不断成长，我们人格的稳定性也在变化。有时候，我们的防御工事做得很好，因此，生活在几乎没有焦虑的情况下继续着；但是有许多时候，当我们的防御工事失败时，我们感到稳定感减少或者更为焦虑。有时，我们在成长的过程中经历焦虑。不存在焦虑的个性成长几乎是不可能的，人们很少意识到这一点。

我们生活中许多积极的步伐都伴随着焦虑。每当我们让自己走得更远、接受新的责任，或者确认自己的独立时，我们可能也会感到某种程度的焦虑。

有一次我坐火车旅行（那是在9月份），我坐在一个年轻女孩的旁边，她脸色苍白，神情紧张，紧咬牙关坐在位子上，显然非常不安。不久我们开始交谈，她告诉我，她正在前往大学的路上，这是她第一次独自离开家。当她说到离开家的时候，她表现出了对离家感到的焦虑以及独立的决心这一对矛盾情绪。

她谈到自己以往总是被妈妈和三位哥哥过分地爱护，还提到她已经下定决心要到一个离家比较远的大学读书，她认为这应该是最好的选择，尽管对她来说这样做非常困难。

她在自己的目的地下车以后，我思索着她的未来以及摆在她面前的事实——如果她决定继续待在家里，那么她将会相对地过着无忧无虑的生活。但是她没有让一个小小的焦虑阻止自己发展为一位独立的年轻女性的脚步。有些人害怕分离的焦虑，因此一直待在家里，永远无法离开妈妈和家庭。

对儿童的观察表明，他们将一而再，再而三地攻击某种使他们感到恐惧的局势，直到它不再引起焦虑。一旦他们掌握了局势，孩子们就准备进攻下一个吓人的局势。基本上每种成长和独立的迹象都包含某些焦虑的成分。比如，第一天到幼儿园、第一次晚上睡在一个朋友的房子里、第一次骑自行车等，所有这些都可能产生焦虑。较早学会不在遇到焦虑时退缩而要勇往直前摧毁它的孩子将逐步养成掌握局势的意识，而这为培养健康的人格打下了坚实的基础。

成为人类的意愿

在某种程度上，我更注重由冲突和危机引发的焦虑。然而，的确存在来自活着的焦虑，这是因为，身为人类就意味着存在局限性和不足，而存在局限性和不足又将导致焦虑。

在我们脑海中某个黑暗、深不可测的地方，我们从来没有抛弃有一天我们会死的意识——尽管外面的音乐、噪声、朋友、工作、旅行、体育运动和美食混合成美妙的生活乐章。当我们感觉到活着的时候，我们就在充分发挥自己的潜能，而死亡的想法便躲进了阴影里。

"我们存在局限性"的认知有助于我们尽情享受活着的时光，有助于我们以一种有益、快乐的方式利用自己有限的时间。这种认知能够帮助我们在面对大自然的力量时保持适当的谦卑；能够让我们停下脚步，思考我们自己的浮华。这种我们只是这个星球上短暂的访客的认知能够让我们从适当的角度看待诸多争执。暂时的挫败可以被看作现实的一部分。我们能够更多地生活在现在，停止追慕虚荣，以及不懈地寻求安全的路径。我们一旦接受了这种基本焦虑，就能够生活得更加充实。

认识焦虑的现实性的意愿表明我们具备了一种认识所有现实的能力。我们绝大部分人都太急于否认自己的焦虑。当我们这样做时，我们获得了片刻的解脱，但是付出了高昂的代价——我们与自己的真实情感脱节了，因此，我们面对自己的冲突并减轻焦虑的机会随之减少。我们发现，自己与以往相比更加疏离——不仅是和自己的情感，还有和其他人的。

如果一个人能够承认焦虑并与之抗争，那么治愈的力量通常就存在于行动当中。保罗·蒂利希博士曾经提到拥有"有勇气成为……"的必要条件，其中也包括接受和面对焦虑。

真正的勇气看起来总是随着承认焦虑而出现的，就好像真正的活着可能是从我们不再否认死亡的可能性之后才开始一样。

如果有人将焦虑视为一个敌人、一种疾病，那么治疗的过程很可能既艰难又漫长。但是如果他把焦虑看成一种内省的机会、一种对进一步发展的授权，那么不仅他可以轻松地运用心理手段，而且他的焦虑也将很快地得到缓解。焦虑是一种情感，它需要我们注意，需要我们面对、理解。只有当我们真正需要它时，它才自动地现身。

● 追踪问题 ●

1. 说说你对作者"焦虑的礼物"论点的看法，举出你生活中的例子。

2. 焦虑在你的生活中是什么样的？讨论你处理焦虑的方式。

3. 作者认为，通过承认焦虑和努力理解焦虑，我们能够得知自己需要什么，而且我们的焦虑将会减轻。举例说明发生在你身上的这种案例，或者如果有可能，将这种观点运用到你当前的情境中来。

4. 从文章中选择其他任何观点，进行记录或讨论。

孤独的起因

小威廉·塞德勒

　　大约在一年前，我会见了一位记者，她提到了关于孤独的相互矛盾的观点。她打电话给我，请教我对这一主题的看法。当时她正在写一篇相关的文章，因此希望能够得到一些帮助。在给了她一些资料之后，我建议她和某所大学的都市研究部取得联系——那所大学就在她工作的城市。我认为那个研究部对当地大片城区居民所进行的深入、长期的研究应该在孤独这一课题上取得了一些独特的见解，这可能和她的文章有些关系，对她报纸的读者也会有一定帮助。

　　几个星期以后，这位记者再次打电话给我，她在电话中说那所大学拒绝了她的要求。那个部门的副主任告诉她，孤独并不是一种值得研究的社会问题，所以没有现成的资料，而且他们的研究项目也没办法提供这类资料。然而，在这名记者采访精神健康诊所和这一领域的顾问时，她被告知精神崩溃、离婚、酗酒和药物成瘾，以及自杀事件日益增加，而这类问题都与长期的孤独有关。

　　这就是矛盾所在。孤独常常被研究现代生活的专家们拒之门外，同时，与之相关的重大的个人问题和社会问题又在显著增加。

　　我们怎样才能说明孤独这一现实问题——我发现对许多当代的美国人来说，这是一个严重的问题——实际上被社会科学所忽视了呢？我认为，孤独问题之所以被忽视，有两个基本原因。第一个是理论上的原因：我们一直缺乏清晰的概念，而无法让调查人员和顾问定义孤独并以一种可信的方式理解它。第二个原因是个人和公众对孤独的普遍态度：人们只是把这当成一种个性软弱的征兆，其结果是，个人不太重视它对自己生活所造成的影响，甚至否认它对自己的生活存在影响。通常，大家对那些承认孤独的人的共同反应是："你怎么了？你不需要感到孤单，你应该出去找点儿事情做，比如参加个俱乐部，或做点儿什么别的事情。"通过参加研讨会、面谈，以及阅读相关文章，我发现这种反应所带来的负面影响远比孤独本身带来的还要大。

　　在过去几年中所进行的研究让我们能够更为精确地定义孤独。而在本文中提出的对孤独的概念性理解，表明为什么非难性的回应忽略了重点。我们社会中的许多人都感到孤独，不是因为人格缺陷，而是因为存在一些"外在"的因素，导致他们感到孤独。让人感到欣慰的是，这种态度取得了更大的成效，而不仅仅是解决其中的矛盾。这有助于我们所有人更为明智地以同情的心态理解孤独，并提供一些现实的观点，以便更有效地应对这个问题。

　　孤独意味着什么？人们以不同的方式使用"孤独"这一术语。通常，孤独很容易被和"独自一人"或"孤立"混淆。你自己的经验应该能够告诉你这几个概念并不相同。你可以独自一人，却不感到孤独。被单独监禁的人也不总是感到孤独，至少其孤独感没有到很严重的程度。当社会科学家们努力了解"孤独"这一概念时，他们却将注意力过多地投注在了"孤立"上，这显然是找错了目标。有些最令人痛苦的孤独感恰好出现在一段关系或一个群体中。卡尔·荣格提出："孤独并非源于'没有其他人，而只有你自己一人'，而是来自持有某种其他人发现很难接受的观点。"举例来说，青少年常常抱怨说他们在家里感到孤独，这时他们意识到的是代沟——他们所敬爱的成年人不能理解他们的感受。

正是由于这种原因，我认为孤独不仅是一种身体状况，它的本质是一种体验。此外，这种感觉或许是人类特有的。已故的加利福尼亚州大学旧金山分校医学中心的拉尔夫·奥蒂博士（哲学博士、医学博士）在他的"孤独的生物学"研究中得出结论：尽管在动物界中存在类似的情况，但是只有人类能够真正了解孤独。动物在被长期隔离后肯定会表现出不安。生态研究者和动物心理学家们提出，动物存在一种基本的依恋需要，而当这种需要遇到阻挠时，就会出现问题。看起来好像人类也有类似的需要。但是我认为孤独是当代社会中存在的一种特别棘手的问题，它比单纯的依恋需要被阻断更为复杂。

研究发现，在孤独的众多表现中——在当代美国人以及其他时代和地区的人身上——存在一些共同的元素。孤独最突出的特征表现为一种痛苦的情感，有时甚至伴有剧烈的疼痛，比如在伤心或分离时所表现出来的那样；但是这种情感也可能是一种挥之不去的、麻木的压力，看起来好像要把人压垮。有时，孤独的情感导致抑郁症的"抑郁"；但是孤独和抑郁之间也存在差异。抑郁症表现为，当一个人真正"感到情绪低落"时，他什么都不想做。抑郁侵蚀着动力的来源。而与此相对的孤独，则具有一种驱动力。它催促人们采取行动——走出去、打开电视、写封信、打个电话，甚至结婚。

　　这种情感还有另一个重要的层面。这是一种发自我们内心的重要信号，表明有些东西正从我们的生活中消失。孤立并不意味着特殊类型的意识，但是孤独的确如此。孤独的首要因素是一种痛苦的情感，它告诉我们一些关于自己的、令我们感到不快却非常重要的事。我研究的所有类型的孤独都具有这种痛苦的自我意识要素。

　　孤独也涉及关系，或者更恰当地说，关系的缺乏或者薄弱。可以导致孤独的关系形式多种多样。一个人可以因为另一个人、团体、家庭、祖国、传统、某类活动，甚至某种意识或信仰而感到孤独。

　　大部分现代美国人感到孤独的一个显著因素是惊讶的本质。孤独总是出乎意料地攻击我们。如果你计划独自旅行，那么你需要为沿途孤独的时刻做准备。当事情如期发生时，你就能够应对。当孤独在你没有预期的情况下出现时，比如在家里，在工作时，或者在朋友中，就会对你产生巨大的影响。我们通常会不知所措，这让我们感到困惑、发狂、沮丧、害怕，甚至勃然大怒。

　　让我们的期望落空的孤独特别难以控制。正是这类孤独时常困扰当今的人们。在游牧和狩猎社会，人们很难期望长时间地独自生活。面对孤独曾经一度是美国文明中长大成人的一种标志。在较早的时代，美国人也接受自己面对生活、独自奋斗并通过努力获得成功的教育。那时，独自一人是成功生活的定义的一部分。

　　在20世纪，美国文化强调的重点已经发生了变化。"达到预定目标"中包含了"与他人相处融洽"的意识。我们在家里、学校、教堂，甚至在体育运动中都强调要学会"融入"。在美国长大通常意味着要培养对参与、受欢迎等的期望。今天，当我们正根据受欢迎的程度评估自己的个人成败时，孤独却以一种难以控制的力量冲击着我们的生活。它暗示着失败，或者至少是一种可怕的脆弱性。

孤独萦绕不去的一个原因是人们没有完全意识到，或者没有准备好要面对它。他们将它拒绝在意识的大门之外。他们试图找到一些治疗方法，比如用药物、"忙碌"、过度依赖的关系，或者提高参与各种活动的数量。研究结果让我确信，许多对孤独的恐惧和许多由过多恐惧导致的行为问题都是不必要的。我们将继续误解伴随着孤独而来的痛苦和问题，直到我们认识到它的多重原因和起源的复杂性。

我根据范畴的不同，选择孤独的不同起因和类型。在对不同背景中孤独人士的多种表达进行研究之后，我根据目标对这些表达进行了分类。范畴指的是一个人认为自己痛苦所来自的那个关系领域。大体来看，可以划分出五种完全不同的范畴：人与人之间的、社会的、文化的、宇宙的，以及心理上的。"范畴"一词暗示孤独具有一种特殊的起源，而且可以构成一种特殊的类型。不过，很少有纯粹的类型。有时，人们可能同时经历其中的几种，而且常常是在没有完全意识到的情况下。更重要的是，它们表明了孤独的人所经历的沮丧程度。举例来说，当个体同时经历四五种范畴的孤独，而且持续时间很长时，他就可能发现压力难以忍受，最终崩溃。

在这五种范畴之中，"人与人之间"的范畴通常是大家最熟悉的，例如一个人想念另一个人。通常，在思念一个特定的人时，这种感觉最为强烈。由一家社会行动组织——女性群体与公共福利机构进行的一项研究表明，在这种情况下，最糟糕的孤独是沟通困难所引起的。

"没有哪种孤独可以比当一段婚姻解体，特别是当这段关系已经完全破裂，双方根本无法进行沟通时所需承受的孤独更严重。与那些从来没有结过婚的人相比，离异或者丧偶的人更容易感到孤独。这种深切的孤独不仅是因为失去了亲密的另一半，还因为他们在年轻时结婚，因此在生命的早期尚未学会忍受或面对孤独。"

孤独的社会范畴也是大家熟悉的。在这种情况下，一个人感到与他（她）自认为重要的团体切断了联系。其中包含的是一种社会关系，而不是让人感到被割裂或缺失的人际关系。类似"排斥""放逐""拒绝""排除""解雇""歧视"和"驱逐"等用语，都只能表明很少的、与这种特殊的孤独产生共鸣的意识。通常，一个人能够通过成员资格和参与某个特定的社交环境来获得重要的自我价值感。一旦这种资格被否认，当事人不可能再进行参与时，他（她）不仅会感到被割断联系，而且会感到没有了自尊。一个感受到这种社会孤立的人通常会发展出较低的自我形象，并感到无力改变这种令人不满的关系，这一点儿也不奇怪。少数派群体的、离经叛道的作者所写的文学作品中往往充斥着对这类孤独的悲叹和愤怒——这种孤独是被社会无意识地加在他们身上的。

当一个人身上同时出现上述两种孤独，而且持续时间很长时，就可能造就个人成长和行为中的不幸。举例来说，美国明尼苏达大学社会工作教授吉塞拉·克诺普卡博士发现：复杂、长期的孤独是导致青春期女孩不良行为的一个主要因素。她们在家是多余的，通常没有亲密的朋友，被学校和俱乐部拒之门外。她们没有任何有意义的社会角色得以展现自身价值，并让这种价值被社会认可，此外她们也没有亲密的交流。因此，她们将自己孤独的、没有价值的感觉付诸行动，进行破坏性的犯罪活动。同样的情况也适用于男孩子。黑人作家皮尔·托马斯在自传《穷街陋巷》中，对自己的暴力行为（这为他招致牢狱之灾）追根溯源，最终认为让人苦恼的孤独的起源有两种：一种是缺乏和家人的沟通；另一种是他因为肤色而遭白人社会排斥。

退休人员也可能因为工作的中断而经受意料之外的挫败。这些人感觉被切断了联系——不仅仅是和工作相关的联系，还包括和那个为他们提供友情和重要支持的关系网络的联系。家庭主妇的抱怨也包含类似的、多种孤独混杂在一起的情感，特别是在几次搬家之后，因为这切断了她们和老朋友、邻居，以及钟爱的团体的联系。

我自己的研究表明，愤怒和极其复杂的孤独之间可能存在某种关联。我发现，当你就孤独这一情况向人们提出更多有压力的问题时，他们就会变得非常暴力。在我曾经参加的一个小组中，有一位已经离婚的妇女，她对她的丈夫极端仇视。她在很小的时候就失去了父亲，因此她把丈夫当成了父亲一样的人。但是，他却在每个方面都和她料想的不同，可以想象，她对丈夫的满怀希望落空时的愤怒。有一天，我把一个枕头扔到了地上，然后对她说："这是你丈夫。你想对他做什么都可以。"她杀了"他"，用脚使劲儿地踩死"他"。

我认为进一步的调查将证实这种假设的结论：当非常孤独的人以愤怒而不是沮丧来表达自己孤独的挫败感时，他们更倾向于使用破坏性的方式。我们见证了暴力的飙升，与此同时目睹了孤独是如此普遍和剧烈。因此，我认为这不仅仅是巧合。就像皮尔·托马斯所说的个人原因和对沃茨（美国加利福尼亚州洛杉矶市的一个区，20世纪60年代曾是种族冲突和暴力犯罪十分严重的地区）暴动的研究都表明：孤独和暴力可以联系在一起——当孤独中包含了一种深深的挫败感时，特别是在经济和政治领域。

孤独的文化范畴指的是某些人的经历，他们感到自己被从传统的价值系统和某种生活方式中分割出来。移民和那些不断变动的人通常更能体验到这种孤独，它的表现形式是思乡病。如果生活在美国的人认为美国的传统不是一个整体，那么他们可能就会意识到这种孤独。"疏远"一词可以指代这种形式的孤独，尤其是当它涉及某个特殊观念时。被疏远的人通常感到他们是自己土地上的异乡人。美国少数民族团体的成员特别容易感到这种孤独。尽管拥有亲密的家庭关系，但是他们还是不时地经受萦绕不去的孤独的折磨，不能认同美国的文化传统。

这种与文化脱节、文化冲击相关的情感同样说明了孤独的一种独特形式，以及一种没有立足之地和不合时宜的感觉。当一切正常、凝聚力依旧时，对那些"过去的美好时光"的向往之情也暗示了这种形式的孤独。在有些案例中，孤独可能只是疏远的一部分；但是在其他案例中，则确实存在一种明确的、被从某种意义传统中分割出的感觉，我认为采用"孤独"一词更为准确。

孤独的宇宙范畴的表现方式多种多样，但是本质上这一概念是指这样一种经历：一个人感到与生命最根本的来源和意义失去了联系。它通常采用宗教的表现形式。信仰宗教的人有时候悲叹感到被上帝遗弃。《圣经》中充斥着孤独的人渴望上帝的表达。许多当代的宗教也迎合了孤独的这种需要，允诺人们在他们存在疏远与孤独的情况下保留一种表达和沟通意识。

在我举办的研讨会中，就曾出现过以不同方式表达这种宇宙孤独的人。一位中年男士坦言自己遇到了一种持续不断的困惑，这种困惑表现为"失去上帝"。早些时候，他曾经是一位坚定的信徒，但是现在他是位不可知论者。他怀念自己年轻时的宗教信仰所给予他的亲近的感觉。已经离婚的宗教信徒发现自己被原来的宗教团体所排斥，而且他们也感受到这类孤独所带来的苦恼。有些人用表面上看起来荒谬的生活来表达他们对这种宇宙孤独的理解。埃瑞克·弗洛姆在他的著作《逃避自由》中提出：在精神上和宇宙上体会到孤独是某些人的特征——他们已经认识到现代世界中自主的含义。听命于他人、对其他人过度依赖、强迫关注其他人、对成就的追逐都是人们为了摆脱这种孤独而进行的徒劳无益的尝试。

孤独的心理范畴包含两个方面：一是一个人拥有的同自己隔离开来的经历，二是其他四种范畴对个人的影响。曾经有一位选修我课程的学生进行了一项调查，我从中发现，许多人的回答都是："我和自己失去联系的时刻是让我感到最孤独的时刻。"威廉·詹姆士与卡尔·荣格提出隔离的自我的经历是现代男性寻求深层次个人宗教信仰或自我实现，或两者兼而有之的根源。人类潜能运动的许多成功都与解决个人内心的自我孤独有关，当然也与缺乏和其他人的亲密关系相关。个人自我隔离的观点是"自我认识分离"的一种独特形式。通常是一个人无意中误入了这一感性认识区域，因此期望的破灭可能导致这种孤独的加剧。

　　心理范畴表明孤独的一种独特的内在起因，而其他四种范畴分别代指不同的外部起因。有些孤独的情况可以追溯到人格特征，而这种人格特征可能阻碍自我实现。羞怯、对爱和被爱的担忧、自哀自怜，以及精神分裂人格的发展都是能够导致孤独的特征。但是，身为社会学家的我必须强调的一点是，个人的烦恼通常来源于外部世界，尽管个人是以非常私人和隐秘的方式在体验这一切的。这一社会学分析有助于我们大家超越狭隘的心理学和日常的观念——只要一个人感到孤独，就表示这个人有问题。事实正好相反，如果一个人失去了父母、朋友、工作，或经历孩子夭折、从家里搬出去、更换工作、被所在的团体拒之门外、丧失宗教信仰、对模糊的美国传统感到困惑，却没有感到深切、持久的孤独，那么我就要怀疑他的内心缺乏某种极为重要的东西。我检测到的许多孤独都是对一段重要的个人关系的破裂而产生的正常反应。

　　上述五种范畴，尽管可以被区分开来，但是它们之中都包含一种基本的，被从某事、某物中割裂出来的、痛苦的自我认识。每种范畴都存在不同的关系缺失的情况。因此，每种范畴都存在不同的、有待满足的需要。当一个人正努力对抗孤独时，认识适合不同范畴的需要就显得极其重要。举例来说，加入一个团体并不能满足那个强烈思念某个特定之人的个人需要。尽管有过多次令人没齿难忘的失败，我们仍旧鼓励丧偶的人参加组织活动，以缓解自己的孤独。这也就是说，我们告诉他们从社会范畴的角度满足人际关系的需要。我们建议和那些感到被排除在外的少数民族群体的成员携手，而不是为他们创造一个地方让他们体会参与感。许多应对孤独的尝试都没有成功，这是因为每种孤独范畴的特殊需要都没有得到满足。建议孤独的人保持忙碌的传统做法不能有效地对抗孤独的问题。这种做法只是避开了问题，而且是采用类似镇静剂等强制性行为的方式避开了问题。许多丧偶的人告诉我，他们已经尝试过这种方式，但发现他们只能筋疲力尽地返回空荡荡的家，而充斥着他们生活的、痛苦的空寂让他们感到更加脆弱。

如果我们把孤独视为自知力的一种重要形式，思考它的脉络并识别其所包含的范畴，那么我们就能为真正积极地面对它做好准备。我们需要远离那种过分简单化的"你所需要的就是爱"的观点。只有爱通常是不够的。有时，社会行为是必须的，而个人对面对孤独进行的准备也是必不可少的。

如果孤独所包含的范畴不仅仅是单纯的人与人之间的范畴，那么就需要一种更为复杂的响应形式。举例来说，为人与人之间和社会范畴的孤独所苦的人的自尊心可能不强。其中，社会范畴的孤独可能危害人与人之间密切的关系，并阻碍人们在团体中扮演积极的角色。有目的地参与一个团体并发展一些重要的社会角色能够帮助对抗源自社会范畴的孤独。这种方式还可以增强自尊心，让一个人为更加成熟的友谊和爱情做好准备。

如果我们打算有效地满足孤独的人的需要，那么我们必须了解他们孤独的起因。通常，我们总是只把孤独当作一种症状，而这就是它不断复发的一个原因。为了对抗现代社会中的孤独问题，我们的响应应该是多重的。针对孤独的五种范畴的概念能够帮助社会科学家、顾

藏身之路

1

如果我关上房门，你就不能进来……

2

而且一切都很好，因为我不会想起你……

3

除了有时候我的确会想起你，以及我把自己锁在房间里的那些时刻……

4

因为在那儿，没有什么让我想到你的存在……

5

但是有时候，有些东西的确让我想起你，因此我藏进一个装电视机的箱子里……

6

而这让你远离我……

7

大部分时候，你远离我……但是当电视机箱子无法保证时，我就爬进它里面的一个鞋盒子里……

8

在那儿，我听不到你所做的或者所说的一切……

9

除了有些时候，我的确能够听到你所做的或者所说的。然后我钻进鞋盒子里的一个装药的瓶子里……

10

它让我躲开你……

11

如果这还不行，我就会让自己蜷成一个球，因为没有其他更小的东西让我躲进去了……

12

我希望自己有个套筒……

藏身之路（汤姆·麦凯恩，版权所有©1996）

问，以及任何其他明智地侦测孤独类型的人，这些类型我们可能都会在生活中遇到。

● 追踪问题 》

1. 作者描述了孤独的五种范畴：人与人之间的、社会的、文化的、宇宙的和心理的。解释你怎样体验其中每种范畴的孤独，尽你所能多说几种。说明你怎样处理某种特定的孤独，以及它对你的重要性。

2. 作者说孤独通常会在我们意料之外袭击我们。因为没做好准备，所以我们感到困惑、害怕、沮丧，或者寻找避开它的方式。讨论或记录你对他这一观点的想法。

3. 从文章中选择其他观点，然后记录或讨论你的想法。

喜悦的火花

亚伯·阿可夫

  萨尔曼·拉什迪因为创作《撒旦诗篇》而被伊朗当时的政治领袖阿亚图拉·霍梅尼宣判死刑，于是开始了四处躲藏的生活。在回忆那段时光时，他说道："我当时最怀念的就是普通人的生活，可以在街上散步，能在书店里看书、到杂货店买东西、去看看电影，等等。我一直是个电影迷，却整整一年没进过电影院。"

  "我一年都没开过车，"拉什迪继续说，"我真的很爱开车，但是突然间我不得不一直坐在后座上。我所怀念的，就是那些琐碎的小事。"

  小事的价值就像桑顿·怀尔德在写他最著名的戏剧《小镇风光》时脑海中所想的。他认为戏剧就是"努力发现我们日常生活中那些最细微的小事的最重要价值"。在这部简单但感人的戏剧中，他意味深长地展示了最为普通和平凡的人和事所表现出来的不平凡。

  在《小镇风光》中，成年早期去世的艾米丽发现自己能够重返人间，再经历曾经的一天。当她回到12岁生日当天时，她发现自己的经历——从经历过死亡的视角来看——太痛苦，过去的自己和眼前那个理所当然地过着那一天的、活着的自己形成了鲜明的对比。当她克服了这种痛苦，并再次死亡时，她说：

> 再见，再见了，美好的世界。再见了葛罗威尔角……妈妈和爸爸。再见了，闹钟的嘀嗒声……还有妈妈的向日葵，以及美食和咖啡。刚刚熨烫过的裙子和热水澡……酣睡和醒来。哦，尘世，你对每个能够认识你的人来说都太美好了……有人在活着的时候认识到生命吗？在每一分每一秒？

我特别喜欢的一篇有关快乐的短文是赫尔曼·黑塞创作的。尽管这篇文章是在大约100年前创作的，但是听上去却非常现代，因为文章在悲叹"现代生活"的速度：人们狂热地追求娱乐，嘴上却说快乐越来越少。黑塞提醒读者要享受每天的微小快乐，如果人们肯为它们花一点儿时间的话。他在文章中声称："给予我们娱乐、日常安慰和轻松的首先是这些微小的快乐，而不是那些大的快乐。"

最近有些研究提出黑塞的建议是很好的心理学建议。每天尽可能多地寻找微小的快乐。在对全日制大学生和大龄人士的研究中，伊利诺斯大学的埃德·丹尼尔教授发现，正是那些不断涌现的小的快乐，而不是偶然出现的惊喜构成了人们总体的幸福感。不太强烈的正面情绪非常普遍，而强烈的正面情绪少之又少；此外，这种强烈的事件通常要以过去的不快乐为代价，而且可能削弱对未来积极事件的喜悦感。丹尼尔发现，快乐常常出现在那些不断体验积极情绪的人身上，而不是那些体验到强烈的积极情绪的人身上。正因如此，丹尼尔和黑塞一致认为，幸福的关键是让一个人的每一天充满微小的快乐。

　　一个研究小组发现了更多"大的快乐价值有限"的证据。他们对比了22个彩票中奖人与一个在其他方面条件类似的对照小组的快乐等级。每个小组都简要地分别报告当前的、早些时候的（对于中奖人来说是在中奖之前，对于对照小组成员而言是在已经过去的6个月中），以及两年内所期望的快乐程度。中奖人和对照组成员在以前、现在和预期的快乐程度上不存在任何重大差异。

　　当就下面7项活动向他们询问当前的快乐程度时，研究发现了更为令人震惊的结果。这7项活动分别是：吃早餐、读杂志、看电视、和朋友聊天、听一个有趣的笑话、被人称赞，以及买衣服。与对照组成员相比，中奖人在这些活动中体会到的快乐明显减少。尽管中奖时情绪高昂，但这没有让快乐显著、持久地增加；经过对比，好像每天微小的快乐更加微不足道了。

　　中国哲学家林语堂充满热情地描述了一些微小的快乐，正是这些微小的快乐让他的生活多姿多彩。生活中的确有许多这样的快乐，他满怀热情地把许多微小的快乐放在了第一位。举例来说，他这样写道："如果有什么比躺在阳光下更令人幸福的，那么请告诉我。"然后他又特别提道："如果一个人有感觉……数着手指头计算有多少事情给他带来快乐，毫无意外，他将发现食物总是排在第一位的。"而后，就像要给这一问题下定论，他得出了最终的真理："一个人大便通畅，就觉快乐，否则就会感到不快乐。事情不过如此而已。"

　　如果换种方式的话，我们可以把生活中的许多事物都当作能够变成小快乐的事物。拉什迪意识到，他所怀念的一切都是自己曾经认为完全无关紧要的事，甚至是家务杂事，比如去杂货店买东西——曾经是任务的活计现在被当成了一种特权。

乔治·莱昂纳多推荐了禅宗在平凡中发现快乐的策略。这要求的不是行为上的改变，而是态度上的改变。莱昂纳多写道："你或许认为禅宗的实践价值在于静坐不动时坚定地理解当下。但是在一次对禅宗静修院的拜访中，我很快发现所做的每件事可能都需要沉思——建造一堵石头墙、吃饭、从一个地方走到另一个地方、打扫走廊，等等。"

心理学家弗兰克·多尔蒂对追求解脱和获得快乐做出了重要的区分。我们中的有些人（或许并不知道）花了很多时间追求解脱，想知道为何我们从未感到快乐，但是再多的解脱也不能产生快乐。那些一心想着解脱的人努力确保所有事情已经被考虑到，而且在掌控之中。他们认为，当事情平静下来时，快乐就会出现。但是当然，事情从来就不是这样。

追求快乐要求一种不同的思想倾向，我们能够在所有事情没有达到有条不紊之前追求快乐。我们不能让下个星期一早晨的工作干扰了这个美妙的周末下午的野餐带给我们的快乐。

亚历山大·柯达爵士回忆了战争时期和温斯顿·丘吉尔的一次谈话。当时前线不时有坏消息传来。丘吉尔看了看手表，然后宣布他应该回唐宁街10号的首相官邸了。"当吃了一顿美餐、抽了一根雪茄，再打个盹儿之后，一切看起来就会不一样，"他说，"此外，斯大林元帅派人给我们送来了上好的鱼子酱，如果不好好享用，那可真是遗憾。"

通常，能够让一个人感到轻松的事情往往也能向另一个人传送快乐，尽管后者是以一种完全不同的方式得知这件事的。针对这种关联，我的一位学生回忆了一次背包旅行的经历，当时他和其他几个人一同前往目的地。每天，总是同一个人最先到达目的地。有一天晚上，当大家一起分享这一天所看到的沿途美景时，这个人最后发言，他说道："我猜今天我真正看到的是我的鞋尖。"

几年前，索尔·戈登写了一些简短的话来指导大家如何在一个不快乐的世界里保持快乐。"能够享受至少等同于你的年龄数目的事情"，这个要求很简单。戈登那时51岁，他列出了51件自己喜欢的事情。清单中包括品位苦乐参半的故事、咀嚼巧克力、不受干扰地听古典音乐、慢慢地阅读一本不错的小说、对他真正关心的人表示出热情和亲密、幻想他还未曾出版的一本书在《纽约时报》畅销书排行榜中排名第一或者第二。

根据戈登的建议，我和学生们在一起讨论快乐这个主题时，整理出了我们自己微小快乐的清单。我发现只是简单地整理一份清单并和其他人分享就可以让自己感觉很好。

身为学校新生研讨会计划主任和大龄人士计划的协调员，我经常在校园里给那些年龄最小和年龄最大的学生讲课。大龄人士们列出了长长的快乐清单，看起来就和年龄最小的学生们列出他们短得多的清单一样轻松。

我班上年龄最大的学生（也是最快乐和最有趣的人）91岁，她可以毫不犹豫地列出91个条目。她95岁那年，正处在心脏手术后的恢复阶段，她写到自己正满心欢喜地期待下一次到夏威夷的旅行。（当我写这篇文章的时候，她已经从夏威夷旅行归来，我们一起庆祝了她96岁的生日。她像以往一样充满风趣和快乐。）

当学生们列出了自己微小快乐的清单之后，我要求他们回过头去，在那些他们在过去30天内真正体会到的快乐条目前面加上星号。这样做的好处是看看是不是有件事给我们带来了快乐，但我们却没有抽出时间去享受。我喜欢看学生的清单，也喜欢看自己的。很多项目没什么意义，或者根本没有任何意义。当然，出现次数最多的一项是巧克力。它也出现在索尔·戈登的清单上，老实说，还出现在我自己的清单上。不过，其他共同项目就与食物无关了，其中有音乐、阅读、大自然、电影、一个喜爱的电视节目或喜剧等。

我在所列出的清单上看到的最不寻常的快乐理由是"站在养牲畜的干草棚里，在给100头奶牛填完干草后，听着它们用力地咀嚼干草"。这一条列在我一位大龄学生的清单上，他是一位来自田纳西州的64岁老汉。他的整份清单都非常特别，不仅仅是因为他根本就没有提到巧克力。他清单上的其他条目还包括：给一位可爱的女生一束鲜花，看着她的眼睛中闪现出光彩；坐在院子里看着随太阳划过而影子不断变幻的田野、山谷和群山；看着他妈妈亲手为他做的针织软毛毯和被子，心里感到骄傲；在一条环山路上开一辆性能良好、发出轰鸣的汽车；当在外面辛苦地劳作了一天回到家之后，来一杯纯正的酸麦芽威士忌，在里面加上一些汽水和越橘汁。

今天就列出你自己的微小快乐的清单，然后确保在今后的30天内，把每个前面都画上一个星号。

● 追踪问题 》

1. 列出所有能够让你全身心享受的事情，尽可能包括与你年龄等同数量的项目。在每个你在过去30天内真正体会到的条目前画上一个星号。然后在你阅读自己的清单时记录你的想法和感触。

2. 就像平时一样度过普通的每一天，不过要特别注意当天带给你快乐的事情，并在睡觉之前记下你的体验。

3. 就像平时一样度过普通的每一天，不过要充分体验每个快乐的时刻或者每个机会。在你睡觉之前，记下你的体验。

4. 你用多少时间来追求解脱，又用多少时间来追求快乐呢？讨论你生活的这一方面。

愤怒

韦恩·戴尔

愤怒的一些常见起因

愤怒随处可见。人们经历各种程度的情绪阻滞——从轻微的心烦意乱到无法控制的愤怒，例子无处不在。这是弥漫在人类互动过程中的一种毒素，尽管只是学术上的。下面给出一些颇为常见的、让人们生气的情况。

● 汽车上的愤怒。司机们基本上会因为每件事对其他开车的人叫嚣。其他人开车太慢、太快、没有给信号、给错信号、强行变线或者出现任何错误驾驶行为，会引起他们冲动的开"斗气车"行为。身为一位司机，你可能经受许多的愤怒和情绪阻滞，因为你总是告诉自己其他人应该怎样正确开车。同样地，交通堵塞也是引发愤怒和敌视的主要因素。司机们对乘客大喊大叫，咒骂导致延误的原因。所有这些行为都出于一种单纯的想法："不应该出现这种情况，就因为这个，我心烦意乱，并要让其他人也不高兴。"

● 竞争性游戏中的愤怒。桥牌、网球、皮纳克尔（一种两到四人玩的牌戏），以及许多其他类型的游戏都是愤怒的最佳发源地。人们对同伴或者对手感到愤怒，是因为他们玩的方式不对或者违反了规则。当他们自己出错时，他们可能会扔东西泄愤，比如球拍。虽然跺脚和扔东西比打人或对着其他人大吼大叫好一些，但是仍旧是完成当前任务的障碍。

● 对不合时宜的情况感到愤怒。许多人会对另一个人或者事情感到愤怒，因为他们认为这不合时宜。举例来说，一位正在开车的司机可能认为那个骑自行车的人或行人不应该出现在他正在经过的路上，因此他努力将对方赶到路边。这种愤怒极其危险。许多所谓的"事故"实际上都是在这种情况下发生的，当时司机没有办法控制自己的怒气，因而导致严重的后果。

● 对国家的税收政策感到愤怒。再多的愤怒也改变不了美国的税收法律，但是人们依然对这种情况感到怒不可遏，因为目前的政策不是他们心目中所希望的那样。

● 对其他人的拖沓感到愤怒。如果你希望其他人按照你的时间表行事，那么当他们做不到时你就会生气，而你为自己生气的辩解理由是："我有权利生气。他让我等了半个小时。"

● 对其他人的混乱和懒散感到愤怒。尽管你的怒气可能鼓励其他人继续以同样的方式行事，但你还是可以坚持自己的选择——发怒。

● 对没有生命的物体感到愤怒。如果你碰了小腿胫骨或者砸了大拇指，那么伴之以一声大叫可能是有治疗作用的，但是如果你感到非常愤怒，而后做出一些类似用拳头捶墙的举动，不仅是白费力气，而且很疼。

● 对丢失物件感到愤怒。再多的怒气也不能让丢失的钥匙或钱包自动出现，发怒还有可能耽误你的有效搜寻工作。

● 对超出个人控制范围的世界上的事情感到愤怒。你也许不认同目前的政治、外交关系或者经济政策，但是你的愤怒和由此导致的阻滞不能改变任何事。

生气的多种表现

我们刚刚探讨了一些可能让你生气的情况，现在我们来看看愤怒都有哪些表现形式。

● 口头辱骂或者奚落配偶、孩子或朋友。

● 对物体或人实施暴力，包括用手打、扇，用脚踢、踹等。如果运用方式极端，那么这种行为将导致暴力犯罪，而基本上当事人都承认是受无处发泄的愤怒的影响所致。如果情绪可以控制，而且愤怒并没有导致一时的疯狂，那么就不会发生谋杀和攻击行为。那种认为愤怒是正常的，或者赞同和鼓励你动怒的那些心理学流派的观点是非常危险的。同样地，充斥着愤怒和暴力并宣扬发泄行为很正常的电视剧、电影和书籍都会给个人和社会带来伤害。

● 说一些类似"他激怒我"或者"你真的让我恼火"之类的话。说这些话就表明是你自己在选择让其他人的行为使你感到不快。

● 使用类似"杀了他""打死他"或者"消灭他"的言辞。你可能认为自己只是说说而已，但是这些话助长了愤怒和暴力，并让它们变得可以接受——就算在友好的竞争中也是如此。

● 发脾气。这不仅是愤怒非常常见的一种表达方式，而且通常能让发脾气的人达到他的目的。

● 挖苦、讽刺和闭口不言。这类愤怒的表达方式的破坏性和暴力一样巨大。

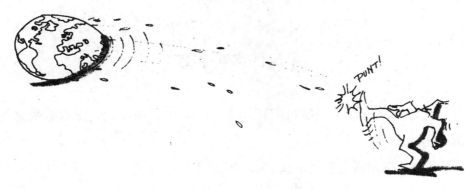

无题（汤姆·麦凯恩，版权所有©1996）

愤怒所搭建的报偿系统

控制愤怒的导火索的长度需要在一开始就洞察使用它的原因。下面给出一些可能会促使你发怒的心理动机。

● 不论何时，当你发现难以控制自己、感到沮丧或挫败时，你都可以用愤怒推卸自己的责任。

● 你可以用自己的怒气操纵那些怕你的人，尤其是那些年龄小，或者身材矮小、心理上不成熟的人。

● 愤怒可以吸引其他人的注意，因而让你觉得自己非常重要或者很强大。

● 愤怒是一种方便的借口，让你可以暂时地发疯，然后再给自己找个借口说"我控制不住自己"。这样你就能够用不受控制的逻辑来证明自己的行为无罪。

● 愤怒让你可以为所欲为，因为其他人更愿意安抚你，而不是激起你的怒火。

● 如果你害怕亲密关系或爱情，那么你可以随便针对某件事发火，然后避免冒险和其他人分享你的感情。

● 你可以借助其他人的内疚控制他们——他们会想："我是不是哪儿做错了，才让他生这么大的气？"当他们感到内疚时，你就显得很有影响力。

● 你可以中止一段让你感觉受到威胁的沟通，因为其他人在其中表现得更为熟练，而你只能用愤怒来避免让自己看起来很糟糕。

● 当你生气时，你就可以抛开工作。你可以把现在所有的时间都用在毫不费力的愤怒上，从而避免做任何可使自己得到提升的工作，利用愤怒消除自己的工作压力。

● 在你生气却因为没有人理解自己而感到难过时，你可以通过愤怒纵容自己自怜。

● 你可以单纯地借助愤怒避免清晰的思考，因为每个人都知道你在这种时候无法正常思考。因此，在你希望避开所有困难、避免有条理的思考时，为什么不发泄出原有的怒气？

● 你可以借着简单地发顿脾气来为失落或表现失常开脱。你甚至可以借此阻止其他人获胜，因为他们非常害怕你的怒气。

● 以"是人就会生气"为借口。这样你就为自己的愤怒找到了现成的理由："我是人。"

取代愤怒的一些计划

愤怒可以被消除。这需要许多新的想法，而且只能在发作时刻运用。当面对煽动你选择愤怒的人或事件时，要意识到你说服自己的言辞，然后找到能够产生全新的情感和更多创造性行为的语句，这样你就能够避开愤怒。下面提供一些可以反击愤怒的特殊策略。

● 当你生气时，最优先也是最重要的一个策略是与自己的想法沟通，并提醒自己不是非要那样想。究其原因，只不过是你过去一直这样做罢了。

● 努力推迟发怒。如果你总是在某种特殊的环境下发怒，那么就会一直坚持这种典型作风。下次遇到这种情况时，努力尝试延迟30秒钟再发作，然后尽量延长这段时间。一旦你开始明白自己可以推迟愤怒的发作，就表明你能够学会控制自己的情绪。拖延就是控制——通过反复练习，你最终必能将愤怒完全消除。

当试图建设性地运用愤怒教孩子明白某件事时，可以尝试假装生气。提高嗓门、表情严肃，但是不要出现愤怒带来的任何躯体和心理上的痛苦。

● 不要努力哄骗自己去相信自己喜欢某件事——实际上，你发现自己对它很是厌恶。你可以不喜欢某件事，但是不需要对其感到愤怒。

● 在愤怒时提醒你自己，每个人都有权选择自己的方式，而认为其他人可以与你不同的想法常常可以让你推迟发怒。努力容许其他人有他们的选择，就像你坚持自己选择的权利一样。

●向你信任的人求助。请他们在看到你生气的时候告诉你——可以是口头上的，也可以用一个你们约好的信号。当你收到信号之后，想想你在做什么，然后努力采取拖延策略。

●保留一份愤怒日记，准确记录你选择愤怒的时间、地点和事件。应保持内容的严谨，强迫你自己记录所有愤怒的行为。很快你就会发现，如果你坚持，记录这类事件的行为将说服你选择少生些气。

●当你发完脾气之后，要正式宣布你刚刚退步了，而你的目标之一是以不同的方式思考，这样，你就能够避开这种愤怒。口头宣布能够把你和你所做的联系在一起，同时表明你自己真的在努力。

●当你生气时，努力从身体上接近你爱的某个人。压制你敌意的一种方式是与对方手挽手，尽管你不喜欢这样，但是要一直挽着手，直到你表达出了你的情感，驱散了怒意。

●当你不再生气时，找个时间和那些最常承受你怒气的人谈一谈，分享彼此最常见的触发怒气的活动，并想出一种能够让你们在削弱怒气的情况下进行感情交流的方式。写张纸条、发个短信，或者冷静的散步都可能是双方可以接受的方式，这样你们就不需要继续在失去理智的愤怒中责骂对方。或许在几次散步之后，你们就能明白愤怒的愚蠢之处。

●若想在最初的几秒钟内解除你的愤怒，你需要理清自己的想法以及你认为对方有何感受。前10秒钟最为关键，一旦你度过了这段很短的时间，你的怒气通常就会平息。

要牢记，你相信的每件事情都有50％的可能性遇到反对意见，而其被认同的概率也是50%。一旦你做好了被其他人反对的准备，那么你就不会感到愤怒了。你会对自己说，这个世界很直接，因为人们会对我说的、想的、感觉的和做的表达不同看法。

● 要牢记与累积愤怒相比，表达愤怒是一种更健康的方式，而根本不生气则是最健康的选择。一旦你不再将愤怒看作天性或者"是人就有的"，那么你就有了可以努力消除它的内在理论基础。

●消除对其他人的期待。当期盼消失之后，愤怒也将随之而去。

● 提醒自己只有孩子才总是活蹦乱跳、大声喧闹，对做不好的事情大发脾气。你能够帮助孩子们在其他领域做出有建设性的选择，但是你绝不能改变他们的本性。

●爱你自己。如果你爱自己，就不会让自己背负自我毁灭的愤怒。

● 当身处拥堵的车流中时，安排自己的时间。看看在怒气没有爆发前，你能够坚持多久。努力控制自己，不要对其他乘客发牢骚，提一个有建设性的问题；创造性地用这段时间写封信、唱首歌、想办法冲出车流、重新回顾生命中最兴奋的体验；或者为改善目前的状况做计划。

● 为了避免成为每种挫败情境的情绪奴隶，把当时的情况作为一种改变它的挑战，这样你就没有时间生气了。

愤怒妨碍我们行事，有百害而无一利。就像所有的误区一样，愤怒是一种利用身外事物解释自己内在感觉的方式。忘记其他人，做出你自己的选择，但是其中不要包括愤怒。（更多信息，请参阅韦恩·戴尔的《你的误区》。）

● 追踪问题 》

1. 讨论最常见的让你生气的原因、你愤怒的表现形式，以及作者所描述的愤怒的理由。

2. 从文章中选择两种替换愤怒的策略，然后进行尝试并报告你的结果。

3. 从文章中随意选择两个语句或观点，然后进行评论。

4. 看看本部分结尾应用活动中的"愤怒管理"。

原则这回事

尼尔森·古德

原则：考试作弊是错误的。

实践：我是中学英语班的高年级学生。我们正在进行每周一次的语法考试，如"你把书放下（lie/lay）了吗？""兰辛是首府（capital）还是国会大厦（capitol）？""给动名词下定义"。我从四年级开始，已经见过不少这类问题，但是在回答"躺还是放"（lie/lay）之类的问题时，还是会遇到困难。老师离开了教室，前去履行她兼任的图书管理员职责。班上的绝大部分同学迅速凑成几个小组，一起完成考卷。绝大部分人得到了95到100的高分，其中甚至包括佛瑞德。曾经有一次，老师提问他，让他给副词下个定义，那时他的回答是"就是当你必须给句子添加个动词时要用到的词"。朱蒂，我学院奖学金的一个主要竞争对手，也在得到满分的那一部分人之列。我错了两道题，所以只得了90分。接下来的一星期，以及随后的四个星期都出现了同样的事情。我的平均成绩在下降。在后来的一次考试中，老师像往常一样离开。我走到一个从来没有参与任何一个考试小组的同学面前。我们决定一起完成考试，他是"躺还是放"规则方面的奇才，而我是区别"那儿还是他们的"（there/their）的专家。我不想作弊，但是我真的很希望得到那个奖学金，而且其他学生一直都在作弊。但是那天晚上，我的前额起了三个新的粉刺。我放弃了自己绝不作弊的原则。

原则： 我不再参加葬礼（这是个人怎样表达悲痛的自由）。我参加了母亲的葬礼，这对我来说是种非常艰难的经历。在我父亲的葬礼上，我在殡仪馆跟所有来宾打了招呼，但是当葬礼开始时，我独自一人开车到附近的一个湖边，看着湖面的水波出神了一小时。后来，我发誓不再参加任何葬礼。我只是受不了那种仪式。如果我连自己父亲的葬礼都没有出席，那么为什么还要出席其他人的？

实践： 四年以后，我参加了五次守灵和三个葬礼——作为对朋友和家人的支持。又一个原则消失在空气中了。

原则： 如果你结婚，那就是一辈子的事。
实践： "一辈子"只有十六年那么长而已。

原则： 如果我打算当一位专职作家，那我就不能要孩子。
实践： 一位作家最近在公共广播电台的采访中对这一原则进行了解释。他说，写作要求精神高度集中和幽静的氛围，就这两点来说，周围不太可能有小孩子。不过，他的确自愿教授一门创作性写作课，对象是一所感化机构的少年犯。他的朋友说这更加坚定了他不要孩子的决心，因为他的孩子可能会遇到发生在这些年轻人身上的事。几个星期以后，这位作家惊讶地发现，自己居然和其中一些少年犯建立了强烈的感情，这唤醒了他为人父母的天性。不久以后，他和妻子就生了一个孩子。他的写作也变得更加快乐了。这位作家还有另一个指导原则，即"我从来都不给孩子换尿布"。大家猜猜这一核心信念的命运如何？

我知道那些抽象的、预料之中的原则都是我们行为的不可靠预言者。它用真实的生活体验，发掘我们自身的真实价值和优先立场。

社会心理学中有许多研究证明了道德知识和道德行为之间存在矛盾。在一项传统的学习中，神学院的学生们自愿选择主题做一篇简短的陈述。他们当中有半数人演讲的主题是政府部门的职业选择，而另一半则详细说明了对苦难者给予同情和帮助的意义。每位神学院的学生都要走到附近的一栋建筑物旁，发表自己的观点。在途中，他们都必须经过一位衣衫褴褛的人，他倒在人行道旁边，闭着眼睛，无声地叹息着。结果显示，两组学生在帮助这位受难者的行为上没有显著差别。思考和准备有关帮助他人主题与实际行动基本上没有关系。

有意思的是，另一变量在助人行为上的影响则有着显著不同——神学院的学生们按匆忙程度被分成低、中和高三个小组（根据给予他们走到附近建筑物的时间长短而定），匆忙程度越低的学生给予的帮助越多。

抽象的原则不足以指导真实生活中的际遇，其原因有几点：

第一，实际经验包括除了抽象原则之外的其他有效因素。我几乎没有遇到过在求学考试中从来不作弊的成年人。我还发现，大部分人认为这种行为是错误的，但仍旧迫于无奈而作弊。你作弊也许是因为分数很低就意味着没有资格参加一项体育运动、零花钱减少、获得奖学金的机会减少、平均成绩下降，或者失去那些对你来说非常重要的东西。真实生活中的际遇不仅包含原则，还包括恐惧、个人需要和强大的社会需要。

第二，真实的生活困境常常与坚守的原则相抵触。不参加葬礼让我遵守自由选择的原则，但是违反了在必要的时候关爱和忠于朋友与家人的原则。举例来说，在当地学校系统教学的老师们，不得不决定是否响应因为不公正的工作待遇而举行罢工的决定。这时，每位老师都遇到许多艰难而矛盾的原则（比如，忠于协会和同事而参加罢工，或者忠于学生而不参加罢工，等等）。

知道自己或另一个人在个人的真实生活背景中如何坚守原则，并不能预测自己或这个人在将来类似的情况下所采取的行动。举例来说，上述参与罢工的老师中，有些人曾经在上一次罢工中采取相反的立场。一个人可能在一个时间或背景下"按照做这件事的原则"行事，但是这并不表示他在其他时间和情况下也会如此，因为结果取决于个人的优先立场。个人随时可能重新定义事项的重要性。

最后，一项原则有时甚至禁不起真实生活经验的验证。经验证明价值，也被价值诠释。那位教少年犯写作的作家就是这样的例子。

如果原则在预示我们的行为上表现得非常不可靠，那么我们应该放弃它们，不再让它们作为我们生活的向导吗？这就需要我们考虑一些其他因素。

● 抽象的原则的确提供了一种最初的定位感，指导我们度过生活的困境。它们还可以充当一种反作用力，用来对抗瞬间的冲动、社会认同和环境压力。此外，马斯洛认为，"人类需要一种价值体系……这就好比他们需要阳光、钙元素和爱情一样。"（1968, p. 206）

● 对于那些对有价值的生活起着指导作用的原则，我们必须要掌握，只要时间允许，就应该在真实生活的背景中发展它们。道德教育研究指出，在学习道德行为的过程中，朗诵法典和回答假设问题不堪一击。只有通过真实生活的际遇，一个人才能面对多种常见的竞争性需要。

● 最后，努力依靠经验得来的原则是发展人类才能的一条有益途径。比如，努力不作弊，留给你的选择包括学习、研究、实践。简单来说，就是以坚忍不拔的精神和负责的心态培养新技能、增长新知识。

亚里士多德认为，美德并非与生俱来，而是通过后天的实践和习惯培养出来的。他在《尼各马可伦理学》（p. 43）中这样写道："通过正义的行为，我们成为正义之士……通过勇敢的行为，我们变得勇往直前。"亚里士多德还补充了一个担忧，他说："这并不容易。"

● 参考文献 ）

Aristotle (trans. 1987). *The Nicomachean Ethics* (J. E. C. Welldon, Trans.). Amherst, NJ: Prometheus Books.

Maslow, A. H. (1968). *Toward a Psychology of Being*. New York: Van Nostrand Reinhold.

● **追踪问题** 》

1. 你是否认同作者提出的"我知道那些抽象、预料之中的原则都是我们行为的不可靠预言者"这个观点？请解释。

2. 举两个你亲身经历的事件，要求与抽象原则和你的实际行为相关。讨论你从中学到了什么。

3. 从文章中选择一个语句，然后将其应用到你的生活中。

乐观与悲观

亚伯·阿可夫

研究显示，在紧迫的情况下，乐观主义者要比悲观主义者做得更好，而且他们的行为表现也与悲观主义者的不同。乐观主义者更有可能一直关注问题，尝试不同的策略，或者向其他人求助。而悲观主义者更容易放弃目标并关注由此而引发的情绪。（Scheier & Carver, 1985; Scheier, Weintraub, & Carver, 1986）

在回顾了上百份研究报告之后，马丁·塞利格曼（1991）发现，与悲观主义者相比，乐观主义者更快乐、健康，甚至活的时间更长。乐观主义者在学校中表现优秀，在工作中和比赛场上也非常出众。乐观主义者的实际能力可能早已超过从能力倾向测验得分中得出的预测，当他们竞选某个职位时，他们获胜的可能性更大。塞利格曼断言："毫无疑问：乐观主义对我们有益。"（p. 291）而且，就像他所指出的，这更有趣。

塞利格曼（1991）总结了对抗悲观主义的证据，并提出了下列这些概括性原则：

1.悲观主义者倾向于对自我实现做出失败的悲观预言。

2.在遇到挫折时，悲观主义者倾向于放弃或退缩。

3.悲观主义者倾向于感觉更糟糕（忧郁、担心），无论情况如何——他们正确但事情错了，或者他们错了但事情没错。

4.悲观主义者易患抑郁症并且其身体健康状况通常很差。

塞利格曼发现，身为一个悲观主义者并非一无是处，而且是有些优点的。抑郁症患者，绝大部分都是悲观主义者，但他们比那些非抑郁症患者——绝大部分都是乐观主义者——更加实际。在各种实验室情境中，抑郁症患者和悲观主义者向世人证明，他们是能够更好地对现实做出判断的。悲观主义者倾向于用自我保护的方式解读信息，因此，他们是很好的监控员，而且或许能够更加迅速地针对某种情况采取必要的措施（Cantor & Norem, 1989）。他们更有可能每六个月看一次牙医，注意自己的血压，定期去拍乳房X光片等。他们总是预料事情最糟的一面将会出现，并做好迎接的准备；他们不太可能过于自信，而更有可能对事情潜在的风险具有心理准备。

在塞利格曼看来，完全的悲观主义没有可取之处，而其价值也远不如乐观主义。不过，他提到有时稍微关注一下悲观主义是阻止完全乐观主义所必需的；这两者之间可能存在一种有益的动态张力，双方在不停地矫正彼此。乐观主义帮助我们产生梦想并坚持不懈，同时，一点点悲观主义则能够让我们避免匆忙行事和有勇无谋。

什么时候可以把乐观主义当作一种有意的策略运用？什么时候应该避免乐观主义？根据塞利格曼的观点，我们主要应该考虑在既定的情况下失败的代价。如果代价很高，那就表明乐观主义是错误的。这类情况的例子包括：一位开车人判定自己失灵的刹车可以再坚持一段路，或者开车时不需要系上安全带，因为只有一小段车程，或者在酒吧喝一杯之后再开车回家。乐观主义有益的情况包括：一位害羞的人决定开始一段对话，一位销售员决定再打一个电话，一位没有获得升迁的管理人员决定制定一些工作上的试探性建议。除了代价之外，根据塞利格曼的观点，还有三种场合也需要用到乐观主义，而另外三种则需要避免。

● 如果你处在一种成功的境地（比如得到升迁、卖出一件产品、完成了一份很难的报告、赢得一场比赛等），那么你应保持乐观主义。

● 如果你关心自己的想法（比如对抗抑郁症、保持士气等），那么你应保持乐观主义。

● 如果你希望当领导，如果你希望鼓舞其他人，如果你希望人们投票给你，那么你应保持乐观主义。

● 如果你的目标针对的是一个充满风险或者不确定的未来，那么不要运用乐观主义。

● 如果你的目标是劝告其他前途渺茫的人，那么不要运用乐观主义。

● 如果你想对其他人的问题表现出同情，不要以乐观主义的态度开始，尽管你可以在后面用到它——等到信心和共情完全确立后，乐观主义或许可以派上用场。（pp. 208–209）

我们可以培养自己的乐观主义精神，这要求我们修正自己的解释风格或者我们习惯性说明生活中事件的方式。

你是乐观主义者吗？

在下面对应的栏目中画对勾（√），表明你同意或不同意每项说法的程度。

	完全 同意	同意	中立	不同意	完全 不同意
1. 在不确定的时候，我通常期望最好的情况出现。	——	——	——	——	——
2. 如果我身上可能出现问题，那就一定会出现。	——	——	——	——	——
3. 我总是看到事情好的一面。	——	——	——	——	——
4. 我总是对自己的未来很乐观。	——	——	——	——	——
5. 我几乎从未指望事情能够按照我想的进行。	——	——	——	——	——
6. 事情从来没有按照我希望的方式发展。	——	——	——	——	——
7. 我是"黑暗之中总有一丝光明"观点的忠实信徒。	——	——	——	——	——
8. 我很少指望好事临头。	——	——	——	——	——

上面的问卷是生活导向测试中的一部分，其目的是衡量一个人乐观或期望好结果的程度。同意1、3、4、7而不同意其余项目的人是乐观主义者。同意2、5、6、8而不同意1、3、4、7的人则属于悲观主义

者（Scheier & Carver, 1985 ）。虽然把这些条目放在这里，但是你并不能把它们当作乐观主义或悲观主义程度的决定性测试，不过这些条目可以帮助你思考自己生活导向的某个方面。

悲观主义者和乐观主义者的第一个不同在于，悲观主义者、抑郁症患者，以及那些轻易放弃的人认为，发生在自己身上的不幸持久不变，也就是说，这些事件将持续存在，永远不会消失，总是不断影响他们的生活；乐观主义者、非抑郁症患者，以及那些抗拒绝望的人相信，这类事件的出现只是暂时性的。举例来说，如果悲观主义者没能完成一项任务，他就会说："我永远都没办法做好这个。"而在同一个情境中，乐观主义者或许说："我有点儿累了。"然后把成功的机会留到稍事休息之后的再次尝试。还有一个例子可以进一步说明两者间的区别：在拉斯维加斯的赌场中度过很不愉快的一天之后，悲观主义者说"我的运气总是很差"，乐观主义者则说"今天我不走运"。

悲观主义者和乐观主义者的第二个不同在于，悲观主义者用普遍存在的解释说明不好的事件，而认为好的事件是特殊情况。当问题出现时，悲观主义者就把这当作一种证据，证明每件事都是错误的，而当事情进展顺利时，他认为这只是偶然的。而乐观主义者的思考模式正好与之相反。例如，乐观主义者说"我数学不好"，悲观主义者则会说"我什么都做不好"；乐观主义者认为"我在他眼里没有吸引力"，而悲观主义者认为"我就是没有吸引力"；针对一件好事，乐观主义者会认为"我很聪明""我很动人"，悲观主义者则认为"我在数学方面表现得很聪明""在他眼里，我有吸引力"。

第三个不同在于，乐观主义者通常将荣誉据为己有，却将责备拒之门外；悲观主义者则承担责备，却不邀功。乐观主义者通常内化好事，认为好事都是自己促成的，但是外化坏事，认为这些不在他们的控制范围之内。悲观主义者则刚好相反。悲观主义者会说"这是我的错"，乐观主义者则会说"真倒霉"。针对一件好事，悲观主义者认为"只是这次运气好而已"，乐观主义者则认为"我又命中了，一向如此"。

塞利格曼建议，在审视观点时应浏览所有可能的成因，并将注意力放在那些容易变化的（比如，准备不够充分）、特殊的（比如，这次竞争异常激烈），以及非个人的因素之上。塞利格曼举例说明了这一问题——一名学生（朱蒂）驳斥自己的观点，并从另一个角度进行解释，最终将自己从绝望中解救出来。

逆境：最近，我开始在工作之余去读大学的夜间部，希望能够拿到硕士学位。我拿到了第一轮考试的结果，成绩没有我预想的好。

信念：朱蒂，你的成绩真是太差了。毫无疑问，我是班上最差的一个。我就是笨，没别的说的。我或许得面对现实。我的年纪太大了，没办法跟这些年轻人竞争。就算我真的拿到学位了，有谁打算聘用一位40岁的女人呢？因为他们完全可以雇用一位23岁的年轻人。在我入学的时候我是怎么想的？现在一切对我来说都太晚了。

结果：我感到彻底地灰心丧气和一无是处。我很尴尬。我已经努力了，我决定放弃我的学业，满足于现在的工作。

反驳：我对成绩的期待和事实很不相称。我原本希望所有科目都得"A"，却得了一个"B"、一个"B+"和一个"B−"。这些成绩不是很糟糕。我可能不是班上成绩最好的，但是也不是最差的。我核对过了。坐在我旁边的家伙得了两个"C"和一个"D+"。我想自己没考好的原因并不是我的年龄大。虽然我现在40岁了，但是跟班上的其他人比起来，我并不笨。我没有考好的一个原因是我还有许多其他的事要做，这些事占用了许多学习时间。我有一份全职工作，有一个家庭。我想，从这个立场来看，我考试的成绩应该算很不错了。在参加了这次考试之后，现在我知道未来我需要付出多少精力来学习，以便能够取得更好的成绩。现在不是担心谁会雇用我的时候，基本上所有从这个专业毕业的学生都找到了一份相当不错的工作。现在，我需要关心的是好好学习，然后得到学位。等毕业之后，我再把精力放在找一份更好的工作上。

结论：我现在对自己和考试结果都感觉良好。我不打算退学，也不打算让年龄阻碍自己的理想。我仍旧担心自己的年龄可能是个不利条件，但是"车到山前必有路"。

乐观主义者的世界只有"是"。与悲观主义者相比，乐观主义者的世界更加丰富多彩，而且当我们把更多的乐观精神带入生活时，这一点会更加突出。换句话说，悲观主义者生活在一个只有"不"的世界中，而乐观主义者生活在一个充满"是"的世界里。

● 追踪问题 ）

1. 你认为自己基本上是个乐观主义者还是悲观主义者？请说明原因以及这对你的生活有何影响。

2. 从文章中选择两个语句，然后进行诠释和（或）进行个人实际应用。

我的暴君

汤姆·佩顿

  1776年，一群勇敢而又坚决的人决定离开英国"暴君"的专制统治。他们的目标是找到自由，能够按照自己选择的方式生活，而不是过别人替他们选择的生活。他们在追求独立，并在那年7月4日成功了。在这个刚刚过去的7月4日，我发现了自己脑海中的暴君。

  我穿过拥挤的人群，在市区中漫无目的地闲逛，不时地见到相互拥抱的快乐的情侣们。我看见许多家庭一起庆祝节日，孩子们沿着城市的街道跑着，每个人的脸上都洋溢着笑容——除了我以外。我脑海中的暴君对我说："汤姆，你是一个人，只有你自己，没有其他人——没有同伴，没有妻子，你是不完整的。社会上的其他人都是完整的。看看每个人都那么高兴——那是因为他们身边有人陪伴。而你，汤姆，没人陪你。"这个声音击打着我的心和灵魂。我的肩膀紧绷，情绪阴郁，身体开始感到非常疲惫，思绪转向不完整的那个自己。我的头压得很低，因为不堪思绪的重负。我的眼睛注视着前面地上小草的边缘，而我的思绪转到了我离婚这件事上。

渴望完整

自从我离婚以来，我用了一年多时间等候再度感到完整，等候我脑海中的暴君放松，等候那个内疚和耻辱的声音安静下来，等候有件事或者有个人制止那些喋喋不休、一直萦绕在心头的责骂——当你认为自己已经造成了一个如此不堪、可怕的局面时，你必须把这一切留给自己。这种内疚和羞辱的包袱会让人感到孤独。我认为，这个包袱是我自己造成的：内疚都是我的内疚，而失败所带来的耻辱也应是我自作自受。我是那个赋予它权力毁了我生活的人，也是那个让它破坏我精神健康的人。我应该是那个让自己从这种愚蠢的对话中脱身出来的人。但是我不能，我被困住了，听任脑海中的暴君肆意而为。就在那时，一滴雨落在我的额头上，接着一滴又一滴。就在我聚精会神的时候，天开始下雨了。"真好，"我想，"真好？"

我抬头看天，注意到太阳仍在闪耀。我看向左边，见到一道美丽的彩虹跨过天空。一丝微笑爬上我的脸。

片刻间，暴君停了下来。我的大脑变得异常清静，只剩下那道彩虹。在那一刻，我意识到我的过去已经过去，而我的未来遥不可及。在那一刻，我完全展现了自己。我不再寻找自己完整的感觉，因为我正在经历着它。我和自己融为一体，而不再孤独。

在成千上万人的喧闹声中，我明白了自己永远都不会孤独。在过去的30年中，我一直活在这出被我们称为生活的戏剧中，觉得好像我的生活中需要有个伴侣，这样可以让我的生命变得完整。而一直以来，那个伴侣就是我自己。我对这样讽刺的现实感到好笑，又对曾经的错觉感到悲哀——让其他人帮你变完整是一条悲惨而令人沮丧的路。

我写下这篇非常私人性的专栏文章，主要是为了治疗自己。我决定和大家一起分享它，是因为我知道在这个世界上还有很多人也有着同样的错觉，认为他们独自一人。我希望，从今天的这一时刻开始，他们应该明白，他们和自己彼此交融，而这是个很不错的出路。我也明白，在沿着这条自我接受的道路前行时，我会蹒跚和跌倒。但是，在晚上的剩余时间里，我将安静地和自己一起庆祝，庆祝自己摆脱了自己脑海中的暴君，获得了独立。在7月4日这一天，我获得了自由。

● 追踪问题 ●

1. 你对下列语句有何见解？

（1）"我一直活在这出被我们称为生活的戏剧中，觉得好像我的生活中需要有个人，这样可以让我的生命变得完整。而一直以来，那个人就是我。"

（2）"汤姆，你是一个人，只有你自己……社会上的其他人都是完整的。看看每个人都那么高兴——那是因为他们身边有人陪伴。而你，汤姆，没人陪你。"

2. 你的内心会不时出现暴君吗？它如何影响你看待自己的方式？

濒死的父亲

桑福德·科利

1992年4月29日，星期三

我的父亲昨天晚上去世了。

在近两个小时的时间里，我一直站在他的床边，握着他的手，看着心电监护仪的显示屏，上面的心率信号越来越微弱，呼吸频率越来越慢，血压越来越低。最后，三个读数都停在了"0"上。

除了呼吸机发出的噪声，房间里一片死寂——呼吸机依旧不停地向他毫无生气的身体里输送氧气，奇怪、拙劣地模仿着呼吸声。当一切都结束之后，我妹妹问道："我们现在可以把那台该死的机器关掉了吗？"

爸爸八十五岁，是一位退休的牧师，最近几年他的健康每况愈下。迪伦·托马斯过去曾以他为傲，但他在几个星期以前那个美好的夜晚并没有表现出绅士的姿态。那晚，我推着坐在轮椅上的他穿过一家退休老人之家的大堂，后来这里成了他生命最后几个月的家。"看看那些老家伙们，"他同情地说，"他们真是可怜……真可怜。"我不忍心说出显而易见的事实：他们中的大多数都还能够走动，而他却不行。

　　两天前的早晨——跟过去的几个月里的其他早晨一样开始了。退休人员之家很早就打来了电话，电话那边的声音说："你父亲又摔倒了……我们不知道情况有多严重，但是他看起来有些痛苦……我们已经叫了救护车……你应该可以在急诊室遇到我们。"

　　我取消了会议，重新安排了课程，请非常支持我的同事们应付约见，然后给一位能够随机应变和善解人意的秘书留下一长串要做的事情，随后直奔医院。X光图片表明父亲的髋关节骨折了。医生给我的选择是完全摘除髋关节让他永远坐在轮椅上，或者换掉髋关节——或许他有望重新站起来。尽管手术风险很大——因为他的心脏很脆弱，但医生还是建议进行髋关节替换，手术安排在第二天早晨。

　　我在手术开始前及时赶到医院，见到了他。在手术室外等待的时间很漫长——远比我和妹妹们期望的时间要长。最后，年轻的医生终于走了出来，脸上带着一丝淡笑，这掩盖了他的担心。（就在上个星期，我警告自己的学生绝不要假设一个笑容就表示万事大吉了，不是吗？）他告诉我们在手术过程中，爸爸的心脏停止了跳动。他的情况已经稳定，但是接下来的几个小时非常关键。最初，爸爸的情况有所好转，但是随后开始恶化。最后，他的主治医生对我们说："他没能挺过来。"

　　我和两个妹妹在重症监护病房陪着爸爸。他的眼睛半睁着，但是每当他转动眼睛看到我的时候，我们都会专注地看着对方很长时间。我拼命地想从他的注视中读出一些东西：是害怕，放弃，还是爱？不论他在那时想什么，我都知道他意识到自己的三个孩子都在那儿陪着他。

爸爸好像意识到自己的生命已经走到了尽头。上个星期，他告诉我他的日子不多了，然后谈到了他的遗嘱。我向他保证一切都没问题。医生告诉我们，爸爸在手术开始前和麻醉师对话时显得非常激动——爸爸说："我的心脏病可能会发作。"这是他最后的一句话。

当呼吸机关掉之后，我拥抱了两个妹妹，我们都在哭泣。我最后一次大哭是在三年前，当时爸爸住在我们家里。大约凌晨三点时，我爬出被窝，花了近一个小时的时间，努力帮他进到浴室。他几乎站不住，更不用说走路了，而他全身的重量都压在我的胳膊上。当我最后筋疲力尽地爬回床上时，我看见放在床头柜上的一本阿巴拉契亚山道指南。爸爸一直说想沿着阿巴拉契亚山道徒步旅行，我之所以找到了这本指南，是因为我们提到过一起花两天时间，走走这段旅程中可以行走的部分。那天晚上，我知道他永远都实现不了自己的梦想了，我哭了，因为他曾经能够做到——在他的健康状况良好的时候，他可以选择这样做。在巴尔的摩美国咨询与发展协会大会召开之前，我沿着阿巴拉契亚山道前行了约一百六十千米。我意识到，我之所以这么做，部分是为自己，部分是为他。

一个最主要的担心是妈妈对爸爸死讯的反应。她的身体非常健康，但是由于阿尔茨海默病（老年痴呆症），她的大脑功能明显减退。她住在疗养院，看起来既满足又快乐，她认识自己的家人，但是通常没办法很好地组织自己的想法，说出完整的句子。

我决定直截了当地告诉她，因此我用简单的语言告诉她爸爸摔倒、做手术和心脏病发作的过程。"他走了，妈妈。"我最后说。我的心在痛。

　　在那一瞬间，她好像明白了。"哦，不。"她说。她眼中充满了泪水，一种难以置信的痛苦表情出现在她脸上。然后，几乎立刻，她放松了，她的痴呆看起来阻断了她和强烈的悲伤之间的联系。

　　她环视了房间，然后指着一只放在她柜子里的旧网球鞋。另一只几个星期以前不见了。她说："一只不见了，但是另一只还在那儿。"我大吃一惊。丢了一只鞋，只剩另一只——我们学院中最有天赋和创造力的作家曾经绞尽脑汁想为失去配偶找到一个更为鲜明的比喻。虽然妈妈的思想迷糊、杂乱，但是她抓住了那个形象化的比喻。或许她真的懂了。

1992年5月1日，星期五
　　我们今天埋葬了父亲。

　　我今天早晨起得很早，然后出去跑步——约二十千米，一段从容不迫、轻松自如的距离。半路上，我停下来观看令人眩目的日出：太阳从田纳西河畔升起。我被那种美景深深迷住了，同时想起我和爸爸到那里钓鱼的情景，当时我还是个小孩子。我回想了他活跃的一生、我对他的爱，以及他对被困在退休老人之家感到极度不快。在连续跑步之后，我感受到一种解脱，这是一种我之前不想承认的感觉。我的心情平静了。

　　我们昨天晚上在殡仪馆和今天在葬礼上感受到了令人感动的爱和关心。我被大学同事们的友好淹没了，他们从很远的地方驱车前来，只为向我表达他们的支持。许多人提到了在他们悲伤时我爸爸给予他们有力的支持。一位年轻女士告诉我，她每天早晨都能看见爸爸经过她家——爸爸每天都步行去咖啡店。

"我永远都忘不了他用的那根很有趣的、弯曲的旧拐杖，"她说，"他告诉我说，他希望能和它埋在一起。"

"我告诉你一个秘密，"我低声说，"它就在棺材里陪着他。"

1992年6月21日，星期日

今天是父亲节。我生命中的前五十三年里一直有父亲陪伴。从他去世到现在已经近两个月了，那种一开始经历的钻心的剧痛已经渐渐平息，虽然并未完全消失，但是至少已经有所好转。

走进爸爸的书房是件很有意思的事。我发现了罗洛·梅所创作的《咨询的艺术》和卡尔·罗杰斯的《咨询与心理治疗学》的第一版。真正的财宝是威廉·詹姆士所著《心理学原理》1892年的副本，这是有史以来第一次出版的（1890年开始）以"心理学"为标题的著作。

尽管只是巧合，我还是被一本超过二十年、记载着日常心得的书深深地打动了。我轻轻地抚弄着它，因为上面没有符号或者任何能够表现出它价值的东西，只有一个生了锈的曲别针别在页角向下折转的一页上。上面写着为4月28日祈祷。

那是爸爸去世的日子。

● 追踪问题 ）

1. 如果你的父亲或（和）母亲已经过世，对比你最初的反应和作者的反应。

2. 如果你的父亲或（和）母亲还健在，你希望他们在去世之前体验哪些事（有没有你都可以）？这些何时能实现？

3. 如果你是一位父亲或母亲，你现在能够和你的孩子一起做些什么事，而以后再做这些事就不现实了？你打算什么时候做这些事？

4. 讨论或记录本文中的一个观点。

失去和悲痛

朱迪思·维奥斯特

我们都是独立的人，都受到被禁止和不可能实现的事情的限制，从而形成我们非常不完美的关联。我们生活在失去、离开和放手的常态之中。或早或晚，带着或多或少的痛苦，我们所有人最终都必须明白失去的确是"人生的常态"。

悲痛是一个适应生活中失去的过程。

弗洛伊德在《悲痛与抑郁》中发问："现在，悲痛表现由哪些要素构成？"他回答，这种表现艰难而且缓慢，包含一种极端的痛苦和一点一点放手的内心过程。他所说的和我要在这里说的一样，都是我们在亲爱的人去世时所表现出来的悲痛。我们可能在某些情境中会表现出相似的悲痛方式，如一段婚姻的结束、一段特殊友情的破裂、失去我们曾经拥有的……我们应该明白，一切都有结束的时候，很多我们所爱的人或事物终有尽头。因此，悲痛也应该有尽头。

我们应该怎样悲痛？或者，如果我们的悲痛正在消退，那么该怎样消退？这取决于我们怎样看待自己所失去的，取决于我们的年龄、逝者的年龄，取决于我们所有人做好准备的程度，取决于逝者屈从于人类必然命运的方式，取决于我们内心的力量和外在的支持，当然也取决于我们所经历的往事——我们经历过人类的死亡，以及我们自己的关于爱和失去的个人历史。此外，看起来正常的成年人——尽管性格迥异——所表现出来的悲痛的确存在一种典型的方式。人们大都同意我们所经历的变化：悲痛的阶段会持续大约一年，有时时间短些，但通常都会延长，然后我们就"完成了"悲痛过程的主要部分。

　　如果我们能够听到的并非我们或其他人必须经历的阶段，而是那些可以启发我们或者其他人的已经经历或正在经历的事情，那么或许我们最终能够理解为何"悲痛……是一个过程，而非一种状态"。

　　在这一过程的第一个阶段，无论是否预料到失去，人们都会感到"震惊、麻木以及难以置信"。"事情不会这样！不，这不可能！"我们也许会哭泣和悲叹；我们也许会呆坐着；或许悲痛的潮水会被过度惊吓而造成的呆愣取代。如果我们长久以来一直在艰难地忍受着死者迫近的死亡，那么我们的震惊也许不那么强烈。我们的震惊可能比我们的宽慰要少（我们需要真诚地面对这一点）。但是实际上，"我们爱的人不再存在"并不完全是真的，而且在我们的信念之外。

　　马克·吐温的女儿苏西——"我们的奇迹和挚爱"——在24岁时突然去世，马克·吐温在自传中描述了他最初感到的麻木、难以置信的状态。

　　　这是我们本性中最神秘的地方之一，一个毫无准备的男人能够接受那样一个晴天霹雳似的噩耗却还活着。对此只有一种合理的解释：理智被这个打击惊呆了，但是仍在摸索、收集这些词语的意思。意识到它们完整含义的力量是残酷的。大脑对巨大的失去打击感到麻木，一切就这样。大脑和记忆需要经过好几个月或者是几年的时间才能收集到详细的信息，并据此学习并理解失去的完整意义。

意料当中的死亡通常给我们的打击要比没有准备的少一些。比如患有不治之症，我们最初的震惊可能来自疾病刚刚确诊，尽管我们在死亡前可能偶尔经历"预料的悲痛"，但是我们很难消化我们所爱的人死亡的消息——尽管我们已经有了这种准备。死亡是这样一种生命中的事实：我们更多地用大脑来承认它的存在，而不是用我们的心。通常，尽管我们的理智承认这种失去，但是身体的其他部分在极力否认这种事实。

带着些许怀疑、些许拒绝，逐渐超越最初的震惊。的确，我们需要用整个悲痛过程来了解本以为不可能发生的——死亡——这一事实。

过了最初的悲痛阶段——这个阶段相对来说比较短暂——我们开始进入一种更为长久的、带有强烈肉体痛苦的阶段。这一阶段表现为哭泣、悲叹、情绪波动、身体疾病、沮丧、多动或者退行、分离焦虑和无助的绝望，以及愤怒。

安妮，当她的丈夫和女儿被一辆卡车撞死时，她刚刚29岁，回想起她那时的愤怒，她说道："我非常痛恨这个世界。我恨那个开卡车的司机。我恨所有的卡车。我恨制造了它们的上帝。我恨每一个人，有时候甚至包括约翰（她年仅4岁的儿子）。因为他，我不得不活在这个世上，如果没有他，我可能也就跟着他们去了……

"我对没有能够挽救他们的医生感到愤怒。我对把他们带走的上帝感到愤怒……我对所有安抚自己的人感到愤怒！他们凭什么说'时间会治愈一切''上帝很仁慈'？这都是出于好意吗？我能够挺过来吗？"

有些人坚持对其他人，甚至对死者感到愤怒，这也是悲痛过程的一个常见部分。

的确，我们发泄在周围人身上的许多愤怒其实是我们对死者的愤怒，只是我们不让自己这样认为。但是，有时我们的确直接表达这种感觉。"上帝诅咒你！上帝诅咒你在我面前死去！"一位寡妇回想起自己对着过世丈夫的照片所说过的话。就像她一样，我们爱死者，我们思念他们、需要他们、渴望他们，但是我们也对他们感到愤怒，因为他们遗弃了我们。

我们对死者的愤怒和痛恨就像婴儿痛恨走掉的妈妈一样。就像那个婴儿一样，我们害怕是我们的愤怒、我们的仇恨和我们的恶劣赶走了他们。我们为自己的恶劣情感感到内疚，我们也对自己所做的，以及没有做的感到深深的内疚。

内疚的感情通常也是悲痛过程的一部分，无论这种内疚是非理性的还是合理的。

这种就算在我们最深切的爱的关系中也可以表现出来的矛盾心理，玷污了我们对死者的爱——当他们还在世的时候。我们认为他们不再那么完美，而我们也不再那么完美地爱着他们；我们甚至有种一闪而过的希望他们死掉的心理。但是现在他们真的不在了，我们则对自己负面的感情感到羞耻，并开始痛斥自己居然如此恶劣："我那时应该更亲切。""我应该更善解人意。""我应该更感激我所拥有的。""我应该尽力多给妈妈打电话。""我应该去佛罗里达探望爸爸。""他一直想养条狗，但是我总是不让他养，现在太晚了。"

当然，有些时候我们本就应该感到内疚，比如为了我们未能善待死者、对其造成伤害或未能满足其需要等感到内疚。但是即使当我们爱的人非常非常健康时，我们还是可以找到一些自我谴责的理由。

当我们所爱的、未能善待的人去世时，我们会感到内疚。我们也对自己消极的想法感到内疚。而我们能够对抗或削减我们罪恶感的方式就是大声宣称去世的那个人完美无缺，即理想化。这可以让我们保留纯粹的想法而把罪恶放在心底，比如"我的妻子是个天使""我父亲比所罗门更聪明"，等等。这也是一种报答死者的方式，或者补偿的方式——针对我们对他们所做的所有恶劣的事，或者我们曾经在想象中对他们做过的坏事。

不论是推崇还是理想化死者，都是悲痛过程的一个常见部分。

心理学家贝芙丽·拉斐尔在其优秀著作《居丧解析》中探讨了理想化的问题，她在书中列举了杰克的例子。杰克是一位49岁的鳏夫，他在描述自己去世的妻子梅布尔时毫不吝啬赞美之辞。他声称梅布尔是"世界上最伟大的小女人……最好的厨师、最好的妻子。她为我奉献了一切"。

愤怒、内疚、理想化，以及试图弥补看起来都表明我们的确知道逝者已逝。然而每隔一段时间，我们又不断在否认他们的离去。约翰·鲍尔比在《丧失》①一书中，说明了这种矛盾：

> 一方面，我们认为死亡已经发生，因为我们已经体会到死亡带来的痛苦和绝望。另一方面，我们又怀疑死亡根本没发生，因此我们希望一切依旧很好，而且急于寻找失去的人并让其回来。

鲍尔比提出：一个被妈妈遗弃的孩子会否认这种分离，努力寻找她。这跟我们所表现出来的态度一样——我们在寻找去世的亲人，我们是被遗弃、失去了亲人的成年人。

这种寻找可能会不自觉地表现出来，就好像一种永不停止的无意识行为。但是有些人也会有意识地寻找死者。贝丝在寻找丈夫，她不断地到他们曾经一起去过的每一处地方找他。杰弗瑞站在衣柜里——里面都是妻子穿过的衣服——嗅着妻子的味道。

在寻找死者时，我们有时甚至召唤他们出现：我们"听见"他们走在车道上的脚步声、他们的钥匙插进门锁的声音。我们"看见"他们走在街上，然后急切地跟着他们走过了几个街区；他们回过头来，然后我们面对面……发现是一张陌生人的面孔。有时我们可能通过幻觉将死者带回尘世。我们许多人都能通过做梦让他们回到我们身边。

在这种剧烈的痛苦阶段，有些人会静静地哀悼，有些人则会说出来。尽管撕扯衣服和抓头发不是我们的做事风格，但是以自己独特的方式，我们终将熬过这段充满恐惧、泪水、愤怒、内疚、焦虑和绝望

---

① 简体中文版由世界图书出版公司于2017年出版。

的阶段。我们以自己特有的方式，努力让自己度过这种让人难以接受的阶段，结束哀伤。

以震惊为开始，随后努力让自己度过这段剧烈的痛苦阶段，接下来我们便进入所谓的悲痛"完成"阶段。尽管有时我们仍旧哭泣，渴望和想念逝去的亲人，但是完成意味着康复、接受和适应已经达到了相当大的程度。

我们恢复了稳定的情绪、精力、希望，以及享受和投入生活的能力。

尽管还会做梦和幻想，但是我们接受了死者不会再返回这个世界来陪伴我们的事实。

尽管极其困难，但是我们学会了适应我们生活环境的变化。然后，为了继续生活下去，我们修正自己的行为、期望，以及自我界定。精神分析学家乔治·波洛克就悲痛这一主题写过大量文章，他把悲痛过程叫作"适应和成长的一种更为普遍的形式……"他争辩，成功的悲痛远胜于充分利用一种不利的局势。他认为悲痛能够产生创造性改变。

但是他和他的同事们警告我们，悲痛很少是种直接、线性的过程。派斯坦认为，度过悲痛的这几个阶段，就像爬上环形楼梯一样——就像在"截肢手术之后"学着爬这段楼梯一样。在他对悲痛的记录后面，紧接着是关于他深爱的妻子的去世。克利弗·刘易斯运用了同样的比喻：

　　有多少次将成为永远？有多少次巨大的空虚就像一种完全新

奇的事一样震惊了我，并让我说"在这一刻之前，我未意识到我失去了"？同样的一条腿被多次切掉，刀子第一次切进肉里的感觉一直在重复。

即使最后，我们接受、适应了现实，并且复原了，我们仍旧可能遭受"周年反应"的折磨——不断哀悼着逝去的亲人，每当时间来到他们的生日、忌日，或者一些特别的纪念日，我们就会感到渴望、悲伤、孤独和绝望。尽管悲痛不时复发、重现，并且我们的悲伤不断反过来冲击我们的心灵，但悲痛依旧有尽头，就算看起来无可慰藉的悲痛也一样……

通过内化逝者，通过让他们成为我们内心世界的一部分，我们能够最终完成这一悲痛的过程。

要记住一点，作为孩子，我们得让母亲走，或者离开母亲，而我们可以在内心树立一位永远的母亲形象。我们以同样的方式内化了（我们自己理解）我们所爱的，却因为过世而失去的那些人。心理分析师卡尔·亚伯拉罕这样写道："被爱的事物不会消逝，因为现在我把它放在我的心里……"当然，他夸大了事实——触感没有了，笑声消失了，承诺和可能性不见了，分享音乐、面包和床的人再也不回来了，那个给予我们安慰和快乐的、活生生的血肉之躯走了——虽然这都是事实，但是通过将逝者内化为我们内心世界的一部分，我们并没有永远失去他们，他们以某些重要的方式活在我们的心中。

因此，我们唯一的选择或许是选择我们怎样对待逝去的亲人：当他们去世时我们也不再活着；或是抑郁地活着；还是稳步前进，走出痛苦和记忆，开始新的生活。经历过悲痛，我们承认这种痛苦，感觉这种痛苦，然后渡过这种痛苦。经历过悲痛，我们让逝者离去，然后将他们放在心底。经历过悲痛，我们最终接受失去亲人所带来的艰难的改变——然后，我们最终走出了悲痛。

● 参考文献 ❯

Abraham, K. (1927). *Selected Papers of Karl Abraham*. New York: Basic Books, Inc.

Bowlby, J. (1980). *Loss*. New York: Basic Books, Inc.

Clemens, S. (1959). *The Autobiography of Mark Twain*. New York: Harper.

Freud, S. (1920/1953). *The Interpretation of Dreams* (Standard edition, vols 4 and 5）. James Strachey (Ed.). London: The Hogarth Press.

Osterweis, M., Solomon, F., and Green, M. (Eds.). (1984). *Bereavement: Reactions, Consequences, and Care*. Washington, DC: National Academy Press.

Lewis, C. S. (1963). *A Grief Observed*. New York: Bantam Books.

Raphael, B. (1983). *The Anatomy of Bereavement*. New York: Basic Books, Inc.

● 追踪问题 ⟩

1. 维奥斯特探讨了悲痛三个阶段的特征：震惊、强烈的心理痛苦（愤怒、内疚、理想化等），以及完成。从你所经历的失去亲人的角度讨论这些阶段的正确性。

2. 从文章中选择两个观点，然后进行评论。

3. 在维奥斯特的其他著作中，她探讨了悲痛可能不会消失。有些人身陷长期的悲痛无法自拔，其表现形式包括不断的悲伤或者刚好相反，即否认悲伤。因为长期的悲伤可能导致对正常生活更深层的危害，所以通常建议寻求专业性帮助。更多相关信息，请参阅维奥斯特的《必要的丧失》。

第二部分应用活动

幸福量表

汽车配备了汽油表和温度表。我们只需快速地一瞥就可以发现可能会出现的问题。尽管我们没有配备幸福量表，但是我们可以制作出一个。通过这个量表，人们可以观察精神和肉体功能上出现的危险信号。

1. 下文提供了一个幸福量表的模板（见表1）。这一量表包含两个方面：健康或压力状态（健康、轻度压力、中度压力、重度压力），以及幸福的5个类别（身体上的、情绪上的、人与人之间的、智力上的，以及多方面的）。

2. 构建你的个体化的幸福量表（见表2，表格空白处可加长）。一些可行方案如下：

（1）针对幸福的5个类别——身体上的、情绪上的、人与人之间的、智力上的，以及多方面的，分别列出至少两个例子。然后根据你的健康程度和压力程度——健康、轻度压力、中度压力、重度压力，来说明它们如何变化。注意，你的例子可以与模板中的不同。

（2）"多方面的"可以包含钱财管理、音乐爱好、娱乐选择、业余活动、开车态度、梦或者幻想，等等。

（3）可以询问其他你认识的人，看看他们能够提供哪些例子。

表1　幸福量表模板

健康或压力状态	身体上的	情绪上的	人与人之间的	智力上的	多方面的
健康	1. 入睡和醒来都没问题。 2. 看镜子时，喜欢镜子里的自己。 3. 每天早晨花半个小时时间化妆。 4. 感觉很好，精力充沛	1. 感觉自己比绝大部分人更幸福、更容易适应环境。 2. 带着期望和理想展望未来（20年或更远）。 3. 每星期参加一次教堂服务	1. 喜欢和其他人接触，特别是喜欢和有着各种兴趣的陌生人打交道。 2. 认为自己有很多朋友。 3. 认为自己的婚姻比绝大部分人的要幸福。 4. 每星期举办两次聚会，有一次在自己家。 5. 写信，和朋友打电话聊天	1. 问题一出现便立刻处理。 2. 可以在最后期限到来之前完成任务，而且具有创造性。 3. 思考解决问题、做演讲和组织课堂活动的新方法。 4. 查询感兴趣的节目；每天收看当地和全国的新闻。 5. 每天读报纸；每星期看一份新闻杂志	1. 感觉收入稳定，会花钱买一些经过深思熟虑的礼物。* 2. 对薪水很满意。 3. 事先计划每星期的餐饭，自己烤面包、做饭。 4. 能够容忍高峰时间交通堵塞，认为这是生活的一部分
轻度压力	1. 可以轻易入睡，但难以在早晨醒来。 2. 照完镜子以后，把自己看到的加入"我需要改进的地方"的清单中。 3. 每天早晨花半个小时时间化妆。 4. 感觉很好，精力充足	1. 感觉自己和绝大部分人一样快乐和适应环境。 2. 带着期望和焦虑的复杂心态展望未来（1年）。 3. 每星期去一次教堂，并在认为应该时参加服务活动	1. 喜欢接触人，但是更喜欢和自己认识的人，以及有共同兴趣的人打交道。 2. 认为自己有不少好朋友。 3. 认为自己的婚姻一般。 4. 不写信，但是希望收到别人的来信	1. 在问题刚出现时，立刻解决。 2. 在要求的最后期限到来之前完成任务。 3. 利用之前经过检验的方法解决问题、安排课程和演讲。 4. 收看当地和全国的新闻，以及一些商业电视节目。 5. 读报纸，但是不看杂志	1. 收入稳定、财产充足，在购买礼物时需要再三考虑。* 2. 工资不太够。 3. 提前计划一周的餐饭，但是不烤面包。 4. 对高峰时间的交通状况感到紧张，认为其他人都不知道怎么开车

续表

健康或压力状态	身体上的	情绪上的	人与人之间的	智力上的	多方面的
中度压力	1．上床半小时后才能入睡；经常半夜醒来，但是早晨能够按时起床。 2．带着厌恶和绝望的心情看着镜子里的自己。 3．在开车上班途中化妆。 4．不时地头疼、胃疼，精力不济	1．感觉自己不像其他人那样快乐和适应环境。 2．怀着更多焦虑和恐惧去展望短期未来（1年）。 3．去教堂，因为"如果我不去，情况可能更糟"。 4．认为其他人应该抽些时间帮助自己	1．和那些能够帮助我、为我做事的人打交道。 2．想知道为什么自己没有许多朋友。 3．认为自己的婚姻很不幸。 4．没有社交活动，和丈夫一起度过空余时间。 5．对朋友们的电话和信件很烦恼；感到内疚	1．拖延工作，但是可以赶在最后期限时完成。 2．完成要求的工作，努力满足要求和最后期限。 3．避免想到问题和课程。 4．只收看电视上的全国新闻。 5．只看报纸的第一页	1．收入不稳定，钱都用在租房子和购买食物上，不买礼物或捐款。* 2．对于我做的工作来说，工资太少。 3．每天计划餐饭，不时去商店买东西。 4．能够容忍交通拥堵，早早下班，很晚才到家
重度压力	1．上床后需要大约1小时或更长时间才能入睡，几个小时之后就会醒来，然后再难入睡。 2．避免照镜子。 3．不化妆。 4．不时地头疼、胃疼、疲劳，觉得自己一定是得了重病	1．考虑咨询专家或自杀。 2．只注意过去不好的经验。 3．不出席教堂活动，因为没时间。 4．痛恨不帮我或者抽不出时间帮我的人	1．不和任何人打交道。 2．没有人可以倾诉，没有朋友。 3．认为自己不应该结婚。 4．一个人打发时间，根本没有社交活动。 5．不接电话或者回消息	1．拖延工作，而且不能在最后期限内完成。 2．不能充分完成所要求的工作。 3．努力找其他人承担自己的部分工作量。 4．不看电视。 5．不读报纸	1．觉得自己的钱甚至不够吃饭的，考虑去住廉租房。* 2．考虑做兼职，以便增加收入。 3．到外面吃饭。 4．下班后一小时才离开，以避免高峰期交通拥堵

*对我来说，这一条是经过验证的、可靠的、准确的压力状态指标。

表2 幸福量表

健康或压力状态	身体上的	情绪上的	人与人之间的	智力上的	多方面的
健康					
轻度压力					
中度压力					
重度压力					

● 追踪问题 》

1. 在你认为确定无疑的幸福指示语前面加一个星号。然后每星期核对一次。

2. 如果你达到了中度压力等级，那就要特别注意。这时，你必须努力改变你现在的生活方式，否则将落入危险之境。

3. 努力确定伴随着每个健康或压力等级的条件。是什么导致了这些变化？

4. 讨论或记录你从本活动中学到的东西。

情绪字谜

这个活动提供了情绪和非语言表达两方面的体验。为了能够达到最好的效果，老师可以准备情绪卡片（如下所述）。不要在活动之前看列表。

1. 将参与者划分成小组，每组4～6人（如果可能，男女混合）。

2. 将情绪卡正面向下，放在小组中间。

3. 每个成员选择一张卡片，默读，然后再原样放下。

4. 每个成员可以用非语言表达表现卡片上的情绪，时间最多两分钟。表演者只能运用肢体语言。其他小组成员需要识别所表达的情绪。如果在两分钟之内，没能正确识别出该情绪，则换下一个人。

5. 一直进行这一表达过程，直到所有卡片上的情绪都被正确地识别。在准备情绪卡片时，将下列情绪状态逐个写在3cm×5cm大小的索引卡上：

悲伤的或悔恨的	尴尬的
害怕的	退缩的
鼓励的或支持的	犹豫不决的或不确定的

厌烦的或冷漠的	失望的或落空的
自大的或高傲的	生气的或敌对的
支配的或炫耀力量、权力的	惊奇的或震惊的
顽皮的或自发的	渴望的或热情的
骄傲的或自信的	满意的、随意的或轻松的
友好的或热情的	焦虑的或神经紧张的
困惑的或阻挡的	浪漫的或有趣的

● 追踪问题 ●

1. 哪些身体部分在情绪表达中占据主导地位？为什么有些情绪表达起来要比其他的更容易？这种活动对你们的小组行动有何影响？

2. 和全班同学一起讨论你的经验。

3. 根据你的观测写一篇感想。

情绪与感知

为了展现你生活中的情绪力量，尝试下列活动：

1. 从你的生活中选择一种常见的场合（工作、上课、开车、休息时间、与其他人互动等）。

2. 在不同的情绪状态下，观察自己对这种场合的感知，然后总结（至少选择两种所列出的情绪状态）。

场合：_____

情绪	感知
高兴	
愤怒	
沮丧	
困惑	
焦虑	
自信	

3. 情绪状态是你解读所有既定外部事件的主要因素吗？如果是，这一发现的具体应用都有哪些？

4. 就这一主题进行讨论或记录你的想法。

倾听情绪

当遇到类似快乐和惊奇等正面的情绪时，我们通常都会任其存在，而不尝试改变它们。但是当遇到负面的情绪时，我们就会表现出努力避免或改变它们的倾向。虽然很少有人喜欢焦虑、内疚或者无能的感觉，但是这些负面情绪对我们也有益处。在某种意义上，它们是一些特别的老师。举例来说，焦虑能够教导我们，我们需要为自己害怕面对的情况做准备；焦虑能够向我们展示怎样才能更加警惕，并告诉我们自己仍然活着。忌妒能够教导我们怎样判断自我价值。而某些内疚能够帮助我们保持生活的完善。

与避免或努力逃避负面情绪相比，首先思考它们的含义通常更有帮助。反省能够让我们接受，而不是否认负面情绪的教育力量。这并不是说你必须"喜欢"它们。

有几种方式可以倾听作为我们的"老师"的负面情绪的心声。

1. 询问你自己：这种情绪正试图告诉我什么？在这种场合下，这种情绪在给我什么警告？

2. 和一位你信任的人分享你的负面情绪，然后探讨它可能正努力"教导你"理解什么。

3. 给你的情绪写一封短信，询问它为何存在，然后让情绪给你写封回信。这样，你就有机会明白情绪的观点。

4. 阅读托马斯·莫尔的《随心所欲》（1992），该书探讨了情绪如何成为我们的老师。

非语言观察

1. 在观看一部电视剧或脱口秀节目时，关掉声音，把注意力放在参与者的肢体语言上（特别是面部表情和手势）。努力猜测它们所表达的情绪状态。不时地打开声音，核实你的猜测。如果希望更加精确，你可以将节目录制下来。

2. 观察你自己表达各种情绪的方式。一些主要的非语言方法包括：面部表情、眼神接触、语速（或音量、音调）变化、身体位置和距离、手势、运用周围的物体。让一些非常了解你的人提供一些他们对你怎样表达不同情绪的观察结果。如果你发现你没能像自己所希望的那样表达某种情绪，尝试用非语言方式表达。

3. 讨论或记录你从这些活动中所学到的内容。

愤怒管理

愤怒可能是下列生活环境中的一种自然的情绪反应：感受到肉体或情绪上的伤害、需要受阻、期望未得到满足、内疚、失去、无助、受到威胁、目标或梦想未能实现，以及受到不公正的待遇等。下面给出一些处理愤怒的建设性反应和情绪化反应。标出那些在你身上常见的愤怒反应。

建设性反应

● 知道愤怒是一种人类与生俱来的情绪，而且明白你自己可以决定是否要将它表达出来。

● 推迟一切决定或行动，直到你强烈的愤怒已平息。

● 运用转移技巧：深吸一口气（可以多做几次），然后缓慢地呼气；慢慢地数到"10"，或者从"50"慢慢地倒数；出去散步或进行身体锻炼；处理日常事务，如洗衣服或者给草坪除草；听音乐或演奏乐器。

● 适当地发泄：和一位富有同情心的朋友或同事谈谈这件事，对着月亮吼叫，大声抱怨，把问题写下来。

● 采用性质相悖的行为：大笑（观看一部滑稽的电影或电视剧、和宠物玩耍、与朋友开玩笑）；做一些放松活动（例如，做颈部或背部按摩、洗个热水澡、看看美丽的事物）；做一些你喜欢做的、要求你全心投入的事情。

● 你可以对该问题说"是"：你的愤怒和导致愤怒的原因成比例吗？

● 询问自己并诚实地回答：你有多少精力值得浪费在对这个人或这种场合发怒上？

● 如果可能，开始实施解决问题的策略。这些策略包括：了解导致你愤怒的根本原因；参考其他人的观点；当你强烈的怒火减轻后，与对方进行富有建设性的、面对面的对话；安排小组会议解决这一问题（如果此问题对这个小组非常重要）；可以邀请第三方进行争端调解。

● 将愤怒当作一种积极的能量来源和动机。

● 如果愤怒持续通过负面的方式影响你的生活，那么你应当寻求专业的指导。

● 观察并学习其他人如何以建设性的方式处理类似的愤怒场合。还可以考虑和他们谈谈他们的方式。

情绪化反应

● 攻击：身体攻击、嘲笑、敌对的沉默。攻击性反应基本上总能激发其他人强烈的负面反应，从而让问题更糟。在意识到他们的愤怒或内疚感源自攻击行为时，攻击者自己也可能受到负面的影响。

● 转移：将愤怒发泄到另一个无辜的人身上（举例来说，因为工作或学习中的某个问题而对家里的人大喊大叫）。

● 否认：拒绝承认愤怒的情绪。如果长时间压抑，那么愤怒的情绪可能导致愤恨、不稳定的爆发性行为或言辞，或者抑郁症。

● 不恰当的责备：某些人会不公正地指责其他人，或者不公平地责备自己，而愤怒的真正起因却是另外的人。

● 不相称的愤怒表达：某些人对招致愤怒的人的反应是过度强烈或者持续时期过长的。同时，这意味着愤怒的情绪未能被适当地表达。

● 追踪问题 ）

1. 保留一份愤怒日记，记录所有发生过的愤怒事件及其发生地点和时间。这一行为至少要持续1～2个星期。利用上述指导原则检查你的反应。

2. 在你的清单中添加一个或多个建设性愤怒管理技能，减少或删除一些情绪化反应。

3. 请了解你的人讲述他们对你的愤怒管理技能的认识。（不要生气哦！）

4. 讨论或记录你从愤怒管理中学到的内容。

邻居

崔拉·崔波伍德睡不着，所以她泡了一杯茶，然后打开电视，收看一档晚间电视节目。这是一部关于通缉罪犯的纪录片。今天晚上的节目播放的是她所在州的监狱逃犯，他们依然在逃，而且没有自动返回监狱完成刑期。当崔拉邻居的照片出现在电视上时，她打翻了杯子里的茶，尽管照片上的人用的是另一个名字。她的邻居名叫戴尔伯特·邓克，10年前他们一家搬到崔拉所在的社区。纪录片上说戴尔伯特还有2年的伪造罪刑期没有服完。很显然，当他在一个只有基本安全监控设备的外花园工作时，他溜掉了。戴尔伯特现在和妻子以及两个到了上学年龄的孩子生活在一起。他工作上兢兢业业，现在已经是当地一家杂货店的副经理了。他和妻子都是家长与教师联谊组织的成员，也定期去教堂做礼拜。当社区里有人需要帮助时，他们总是在第一时间伸出援手，比如帮忙铲雪、看护宠物等。他们还把自己花园里种的蔬菜分给大家。总的来说，邓克夫妇看起来爱孩子，也广受邻居们的喜爱。

电视上闪现出报警电话——如果有人认出其中的逃犯，可拨打该电话报警。崔拉应该向当局举报戴尔伯特吗？请说明原因。

● 追踪问题 ）

1. 在回答完文章末尾的问题之后，试着说明你所做出决定的理论基础（道义上的）。

2. 和小组的人一起讨论你们的答案和反应，努力理解彼此的观点，记录你所学到的内容。

3. 如果你已经学习了柯尔伯格的《道德发展阶段》，那么根据柯尔伯格的理论，叙述你的（和其他人的）理论基础，讨论你所学到的内容。

4. 把你对本文的反应与本部分中《原则这回事》一文联系起来思考。

第三部分

品味生活

当被问到最希望从生活中得到什么时，我们当中的绝大部分人都会慢吞吞地嘟囔一些类似"幸福""充实"或者"有意义"的东西。无论想得到的是什么，如果没有得到，那么我们就会感到空虚；而如果真的得到了，那么我们又很难说清楚其所包含的意义。许多一流的作家都曾试图解释人们究竟想从生活中得到什么。读读下面的语句，看看能否找到贴近你自己答案的解释。

能够获得真正快乐的人，应该是那些寻求和发现如何服务他人的人。

——阿尔伯特·史怀哲

幸福是如此简单而廉价：一杯红酒、一份炒栗子、一个不起眼的小火盆，还有大海的波涛声。

——尼科斯·卡赞察斯基

人们不应该寻求某种抽象的生活含义……生活可以通过三重方式变得有意义：第一，通过我们给予生活的……第二，通过我们从这个世界得到的……第三，通过我们对自己无法改变的命运所采取的立场……

——维克多·弗兰克

生活中的真正快乐是：为一个你自己认为伟大的目的奋斗；生命在被丢进废物堆前，就已完全用尽；一种自然的力量，而非一具狂热、自私、不安和愤恨，以及不断抱怨这个世界没能带给你快乐的肉体。

——萧伯纳

会玩的人死而无憾。

——当代口号

仔细观察每种方式……这种方式有心吗？如果有，那么这种方式就有用；如果没有，则其毫无用处。

——卡洛斯·卡斯塔尼达

如果你有胆量冒险……如果人们追求我所说的"极乐"，也就是能够真正触及你的内心深处并让你感受到自己生命的事情，那么希望的大门就将打开……如果你追求自己的极乐，那么你就会得到属于自己的极乐，无论你是否富有。

——约瑟夫·坎贝尔

你必定希望成为一流的……也就意味着你有能力成为最好的。如果你有意计划成为低于自己能力的人，那么我警告你，在你剩余的生命中，你将生活得非常不快乐。你将逃避自身所拥有的能力和可能性。

——亚伯拉罕·马斯洛

　　有的事情意义重大。否则，一个人的生活就将充满悲惨和空虚。我是最后一个指出这一点的吗？而那些所谓重要的事通常都是无关紧要的，像收集可乐瓶子、田径比赛等，这些在规避无用感中具有同等效力。而对于我的继父唐来说，则是喜欢找事。拿破仑希望征服俄国。拉娜·苏的妈妈认为她的生活品质和克罗格的肉价直接相关。职业生涯和爱情可能有点儿老套，但是它们看起来和其他事情一样在发挥着自己的作用。

　　对于别人来说，或许你的人生准则看上去就像个笑话，但是如果你知道这很重要，真的明白并不断追根究底，那么你就永远不会感到绝望。

——提姆·桑德林

　　你拥有或即将拥有的全部生活就是今天，今晚，明天，今天，今晚，明天，如此周而复始……所以你最好抓紧每段时间，并对它心怀感激。

——欧内斯特·海明威

　　我们需要其他人。我们需要去爱其他人，也需要被其他人所爱。

——里奥·布斯凯利亚

　　在爱情中，生活是生命的最大挑战。与其他任何人类努力相比，这要求更多的敏感、灵活、理解、接受、容忍、认识和力量。

——里奥·布斯凯利亚

当你觉得非常安全，可能需要尝试一件有些冒风险的事情时，或许已经太晚了。

——尼尔森·古德

有时候，我们觉得，为了生活得更舒适，我们已经付出了太大的代价。我们所卷入的关系网和人名录让我们感到窒息。界定自我和他人的界限看起来好像一座座监狱。一时之间，我们怀疑自己已经被放逐，生活在一个远离自己最美好部分的地方。

——保罗·齐威格

人类的生活需要一套价值系统、一种生活哲学、一种宗教信仰，或者宗教的替代品，这就像他需要阳光、钙质和爱情一样。

——亚伯拉罕·马斯洛

生活就像一阵波澜壮阔的激流，喧闹而猛烈，直到好似要将他在纯粹的狂喜中撕成碎片，并慷慨地喷洒向这个世界。一个人正确的职能是生活，而不是单纯地存在……

——杰克·伦敦

　　每个人都是这个世界上的一种新事物，而且都被召唤履行他在这个世界的特殊职能。每个人的首要任务都是实现自己特有的、新奇的、从不重复的潜能，不重复其他人做过的事，而要取得比曾经的辉煌更伟大的成就。

——马丁·布伯

　　这不是批评家们说了算的……这项荣誉属于真正参与其中的人……那是一个大无畏的、将自己投身于一项可敬的事业的人。而他的位置绝不会在那些既不了解胜利也没有经受过失败的冷漠、胆怯的灵魂中。

——西奥多·罗斯福

　　我认为一种东西的代价，就是指需要用多少生活去换取——不论是即刻的，还是长久的。

——亨利·梭罗

　　对我来说，经验就是最高权威……其他人的观点和我的观点都不能像我的经验那样具有权威性。我必须再三地回顾自己的经验，以便发现能够让自己更接近真理的近似值……

——卡尔·罗杰斯

　　或许其中的某些段落说出了你的生活价值观。在你生命的此时此刻，哪三个段落最能代表你的价值观？如果上述引语都不能解释你此时最主要的价值观，那么你可以加上你自己的。从上述引语中挑选三个段落，和同学或其他亲密的人一起分享并讨论它们的含义。

这一部分和前面两部分不同，你需要在阅读文章之前，先完成应用活动中的一个或更多活动，分别是"某一天的清单""与智者的对话""一个人的进化"。在活动进行的过程中，你应该思考"品味生活对你来说有何意义"这一问题。这部分的阅读文章提出了关于品味生活的几种观点和策略。

➤ "多工"，即多重任务处理（multitasking）和快进生活，它与放慢脚步和一心一意是尼尔森·古德《享受美好时光》一文的主题。

➤ 《时间格言》中列出了关于时间如何反映个人幸福的观点。

➤ 在《快乐机器》一文中，雷·布拉德伯里深入研究了如果一个人真的能够用机器制造出快乐，那将会怎样。

➤ 欧·亨利的经典短篇故事《最后一片叶子》探讨了活下去的意志力量。

➤ 在《享受独处》一文中，作者卡恩·鲁本斯坦与菲利普·谢弗说明了积极的孤单如何能够让生活更加稳定。

➤ 尼尔森·古德在《森林中的"老师"》一文中，告诉人们自然环境怎样为如何生活提供线索。

➤ 你在存钱和花钱这一问题上，表现出何种个人风格呢？有关这一问题的观点包含在《个性与金钱取向》一文中。该文作者是罗伯特·沙利文。

➤ 尼尔森·古德在《对金钱的思考》一文中提出了一些针对金钱管理的实践技巧。

➤ J. 威廉·沃登和威廉·普洛克特文章的目的在于提高你的"个人的死亡自觉"。

➤ 在《硅蛇油》一文中，最出色的计算机专家克里福德·斯托尔探讨了计算机文化对我们整体幸福感的影响。

➤ 詹姆斯·费林在《计算机成瘾的十大症状》一文中提供了计算机成瘾的症状清单。

➤ 在《新视角》一文中，尼尔森·古德认为，通过有目的地改变自己期望看到的事物，我们能够转换自己的观念。

➤ 钢琴家及作家迈克尔·琼斯以《展现你的才华》一文为本书收尾，他在这篇抒情文章中发现了一个人的内在本质。

享受美好时光

尼尔森·古德

在我开车上班的路上，我发现每当收音机中传来商业广告或者吵闹的歌曲时，我就会调到音乐台，脑海中不时地温习课堂教学计划，或对旁边的一些司机品头论足，又或者盯着路边枫树光秃秃的树干，看看有没有发芽的迹象，而且嘴里还吃着苹果。

在教职员工会议的15分钟休息期间，坐在我旁边的一位同事正在紧张地忙碌着：他一边写信一边吃午饭，在日程表上草草写下约会时间，查阅并确认自己列出的一个要点，批改学生的作业并提出问题，而且可能还想知道为什么我一直在看着他做这些。

这两种情况都是"多工"（multitasking，多重任务处理）的典型事例，也就是同时进行多种活动。我们所崇拜的一些人都是一心多用的多工人员。伯恩斯（1993）描述了艺术家彼得·保罗·鲁本斯1621年一个典型的日常工作场景：他在绘画的同时，口述一封信、让其他人读书给他听，此外还一直在和旁人说话。鲁本斯是位多工大师。伯恩斯描述了忙碌症候群，其特点是受到一种强烈的动力驱使，尽可能在一个单一的时间框架中处理最多的工作。这种驱动力背后的信念是认为生命中最有价值的商品——时间——正在不断消逝，因而弥足珍贵。斯蒂芬·赫特夏芬（1993）提出一个问题："你觉得自己平时的时间够用吗？"如果你的反应和接受他调查的90%的人一样，那就表示你可能根本没有时间回答他的问题。你患上了所谓的时间贫乏（time-poverty）症。

我们不仅会在同一时间内做许多事情，而且喜欢快速地做事。社会观察家杰里米·里弗金（1987）用一个词说明了美国文化的步调，这个词就是"迅速"。他这样写道："我们是一个追求速度的民族。我们开车快、吃饭快、做事快。我们热衷于打破纪录、缩短时间。我们精简自己的生命，浓缩自己的经验，提炼自己的思想……我们认为迅速代表了机智、力量和成功。"（pp. 58–59）我们好像生活在一种快进的状态下。

选择怎样理解和运用时间对我们生活的品质有着重大影响。一种选择是快进、多工哲学。但是如果这是你对如何运用时间的唯一选择，那么你的生活将受到极大的限制，而且可能是一种低品质的生活。

这种快进、多工的方式怎么会对生活产生如此恶劣的影响呢？我们尽可能做更多事情，而且有时候看上去好像别无选择。的确，在有些情况下，这种回答是正确的。但是在其他场合，这种方式与我们的初衷相背离。因此，我们必须能够区分这些场合，从而运用不同的时间策略。

生活经验的节奏

每种生活经验都以某种特殊的节奏表现自己。如果想要全面理解这种经验，那么我们就必须跟随它的节奏。举例来说，欣赏棒球比赛要求一种不同于观看篮球比赛的思维节奏，这就好比读海明威的作品与收看电视冲浪节目的节奏不同一样。每种经验都有其自身首选的和独特的步调。

快进、多工时间策略与那种提倡即刻、多重反应的生活经验一致。这种情况的例子包括：一位在一家生意很好、正值用餐高峰时间的餐厅工作的服务员，一位一年级老师（她或他的班上有25个精力充沛的孩子，他们就像吃了兴奋剂的沙鼠一样），一位股票（证券）交易所的经纪人，一位在婚礼举办前一周正忙着处理各种细节的婚礼顾问，假期中一家繁忙的百货商店的客户服务专员等。或许你还能想到许多其他的例子。快节奏行动促成了这样一种状态：高度警觉、肾上腺素激增、眼睛飞快地转动——一条被一群饥饿的猫鼬包围的眼镜蛇就是这样。

快进、多工时间策略与其他生活经验存在根本的区别。我的一名学生希望找一本书，以便能够帮助她摆脱工作、学校和家庭需要带来的头痛和崩溃感。我向她推荐了安妮·莫罗·林德伯格的《大海的礼物》。这本书很薄，而且恰好针对的是怎样集中精力生活而不割裂生活这样一个主题。她在第二次上课时就把书还给了我。我问她是不是这本书不适合她。她回答说："哦，这本书读起来很容易，我用了两个小时就看完了。"在一番简单的讨论之后，情况终于明了：她没有办法改变自己处理生活任务的方式。尽快读完这本书的意愿超过了其他所有事情，包括她需要这本书的主要原因。

或许你是个快进式读者，而且已经读完了这篇文章。它是怎样结束的？下面有个问题需要你来回答：在洪水开始前，摩西把每种动物各带了几只到方舟上？现在，一个非常奇怪的问题出现了。这可能会让所有快进式读者放慢速度，不过只是可能。顺便说一句，答案是一只都没有。因为是诺亚建造了方舟，不是摩西。你可能会说："哦，一个脑筋急转弯。"但是当这个问题出现在这里时，情况怎样呢？这取决于你看待问题的方式。那种快进式的一瞥很有可能让你得出"两只"的结论。

生活中有许多事情无法通过快进、多工时间策略的方式全面体验，这包括：品尝美味的食物、与一位对你来说特别的人共舞、懒洋洋地躺在草地上看着天上的云朵、冥想或祈祷、向说话人表明你真的在用心倾听他所说的话、参观艺术展、攀岩、抱着一个新生儿、欣赏大海上的日落等。你还能想到其他的吗？

做出选择

能够让你的节奏适合不同生活经历的步调对稳定的生活来说必不可少。简言之，我们必须能够选择在最适当的时间策略。现代生活好像更鼓励快进、多工的时间策略。"我很忙"已经成了我们的口头禅，而且我们期望其他人也这样说。忙碌症候群已经令我们习以为常。更糟糕的是，最终我们可能完全受控于它。举例来说，当你终于有时间能和朋友吃上一顿便饭时，一种选择是让自己完全投入到对话和食物中；而另一种，通常是我们不想要的，就是边吃饭边盘算下午的计划，不时地打量整个房间，越过你的朋友扫视着后面的电视节目，每隔10分钟就看一次手表等——很明显，你没能正确匹配时间策略和经验中的正常节奏。尽管你可能已经知道了这一点，但就是停不下来。即便闲来无事，我们也会让内在的发动机马力全开。

对于大多数人来说，快进、多工的时间使用方式已经成为一种条件反射。生活变成了一张写满了需要做的事情的清单，而我们的目标就是尽可能快速地完成并勾掉一件事，紧接着进行下一个。我们忙着赶到下一个目的地，但永远都无法到达。快进、多工的生活是一种每个时刻都被填满，随后被抹掉的过程。这导致个人生活记忆库出现许多空洞。赫特夏芬（1993）这样说道："通过将每个时刻都塞满事情，我们没能留给自己时间，让我们真正体会这些事情的含义……过去从我们的生活中消失了。"

有过经历并不意味着你能够记住它。如果没有时间品味、谈论或者回想其中的主要内容和意义，那么经历就只是记忆的一道轨迹。我曾经在3年之内两度随一个乐团到日本旅游。我能回忆起第一次旅行的每个细节，而对另一次基本上只有一个模糊的印象，除了还记得一次令人筋疲力尽的火车旅行——一共14个小时。这两次旅行有何区别？是不是我在那次被遗忘的旅行中喝了太多的日本啤酒？不是，实际上，在能够记得的那次旅行中我喝得最多。我在记得细节的那次旅行中写了许多日记，拍了很多照片；旅途中有音乐家和歌手们谈论着他们每天的经历；在我归来之后，我经常和朋友们谈起那次旅行。

记住需要时间。

一种方法可判断你是否受控于时间策略。想象一种场合，这时你没有即刻的需要，没有预期的任务，然后停下脚步。对一个快进、多工的人来说，这种情况让他感到焦躁不安。多工人士无法享受这种缓慢的时间节奏，而且很有可能用一堆工作来驱散这种情况引发的焦虑。就算休闲时，他们同样被紧张感无情地占据着。存在主义分析疗法的创始人维克多·弗兰克将这称作"星期天神经症"（Sunday neurosis）。

绝大部分完全生活在快进、多工模式中的人最终都会感到身体上的筋疲力尽，甚或精神崩溃。这种情况的发展需要很长时间，甚至需要几年的时间，但是通常都会让人付出沉重的代价。当有些人对自己关于下列问题的回答感到不满意时，他们可能会寻求帮助，或者开发新的时间策略。这些问题包括：这样生活的目的何在？我已经取得了很大成就，为什么反而觉得内心深处某些基本的东西不见了？

自始至终，我们都在强调高品质生活对我们适应不同生活节奏的能力的要求。我们必须有能力控制这些时间策略，而不是被它们控制。快进、多工时间哲学适用于某些人，而对另一些来说则不适用。这种策略还具有一种排挤、接管其他所有时间策略的倾向。在接下来的部分，我们将探讨一些实施替代性时间策略的观点。

生活简单化

在1850年，亨利·梭罗就开始批判人们的匆忙，他说："我们的生活为什么要如此匆忙？我们为什么要浪费生命？我们决心要在感到饥饿之前就饿死……我不停地说简单化、简单化，把你的事情定位在两到三件，而不是一百件或一千件。"（克鲁齐，1962, pp. 128, 173）。你可能会说，他说起来当然很容易，因为他所要做的就是在森林里徘徊、看着湖水发呆，那正是年长的哲学家们才会做的事。但是梭罗在写下这番话的时候才三十来岁，而且刚刚搬到瓦尔登湖两年。

简单化是有可能的。我们可以通过两种主要的时间策略做到这一点：一种是集中精力，另一种是放慢速度。集中精力意味着将所有的注意力和精力都投注在同一时间、同一件事上。对我有很大帮助的一句话是"把握现在"。其中的关键是把你的身心都投注到目前的这一刻，不要让自己漫游到过去或未来的时间地带，努力把握现在。如果你正在和自己看重的一个人说话，那么就应该全身心地投入，并表明这一点。作为开始，你可以努力将精神放在普通的家庭琐事上；如果你在杂货店采购，那么你就把心思放在那儿，专心采购。

下面为大家提供一种非常简单，却非常有效的集中精力的方式，不过很少有人能够在最初的几次尝试中获得成功（这是一种温和的挑战）。任务如下：找个舒服的姿势，如果可能，闭上眼睛。深吸一口气，然后缓慢地呼气。自然地重复这个动作（呼吸十次）。观察自己的呼吸。如果发现自己注意力不集中，那么立刻停下来重新开始。

它的效果如何？这种通过呼吸让自己集中注意力的活动不仅有助于我们学习"把握现在"，而且是一种不错的放松和集中精力的体验。每天选择一种集中注意力的活动能够帮助你把这种时间策略添加到你的策略库中。

放慢速度

我需要停下来，这样才能到达目的地。

对抗快进式的时间策略意味着要在适当的时候松开加速器。集中精力通常有助于调整你的速度。下面提供其他能够放慢速度的方式：

● 将尽情享受的概念运用到所选择的生命活动中。尽管这一概念通常用来指代品尝，但是尽情享受通常也可以运用到其他领域。这是一种逐步体验某件事的过程。狼吞虎咽是尽情享受的对立面。你可以吞食一个巨无霸汉堡，也可以品尝美酒。你可以对管理层的一份备忘录一知半解，也可以细细品味一封文笔优美的信件或文章。你可以囫囵吞下当地新闻，也可以仔细阅读朋友或家人的故事。在前面"生活经验的节奏"这个部分中，还有许多其他例子。

● 知道并谨防时间节省技术自相矛盾的论调。电子邮件、传真、互联网以及语音信箱等电子通信装置让我们能够在比以往更短的时间内发送并接收更多信息。而其缺点是大大增加了我们接收信息的数量，结果导致我们付出了比以往更多的时间。因此，要努力选择那些真正值得你付出努力的信息。

● 让经验为你揭示它们自己，而不要首先暴露你对它们的需要和期望。我生命中一种真正的快乐是聆听爵士小号演奏家梅纳德·弗格森的演奏。如果他来城里演出，我一定要去看（即使我没有注意到这方面的消息，我的学生也会打电话通知我）。我记得那次漫长的等待——当时我非常期待那场音乐会，因为他的乐队要演奏一些他最新专辑上的曲目。梅纳德大声喊出数字，整个乐队像往常一样怒吼着，而他做着我们所有小号手在梦中才能做的事情。但是我有点儿失望，因为现场版的演奏听上去和专辑中的不同。我想要听到和专辑中的乐曲一样的演奏。我陷在自己制造的陷阱中，无法自拔。我拒绝"让"梅纳德按照他自己那天晚上的感受在那个时刻演奏那首乐曲。他并没有满足我的期望。一旦我意识到这一点，我就能够跳回并真正投入到他和乐队那天晚上的表演中。有些时候，我发现自己也会陷入这种陷阱，比如对于所要看望的朋友或所要重游的旧地，我总期望它们完全符合我印象中的样

等待（尼尔森·古德，版权所有© 1996年）

　　鹈鹕好像有自己的程序：绕着佛罗里达的塞巴斯蒂安入海口飞一会儿，然后轻轻地落在一块岩石上。这块岩石表面上看来具备所有捕鱼的良好要素，而事实也的确如此。它会非常安静、非常放松地坐在上面，但时刻保持着警惕。它喜欢的鱼将会游过来，然后就变成了它口中的下午茶点。它有时会让鱼儿游过，不去打扰它。它并不着急，似乎知道如果自己耐心等待，它所需要的就会送上门来。

　　有时，我们需要让生活来敲门。

子——直到我记起应该让其他人，甚至是大自然去揭示它们那一刻的真实自我。即使你知道朋友或父母的故事将怎样结束，还是应该让他们说完，而不需要介入。最为重要的或许是故事的讲述，而不是你所

知道的结局。

所罗门注意到，生和死都有自身既定的时刻，二者中间还存在一段时间。我们可以选择在这段被称为"生命"的时间中如何做自己——有一种选择是享受和发现这一旅程本身的含义。这样，我们就可以从容不迫。

● 参考文献 ）

Burns, L. (1993). *Busy Bodies*. New York: W. W. Norton.

Krutch, J. (1962). *Thoreau: Walden and Other Writings*. New York: Bantam Books.

Rechtschaffen, S. (1993). Time-shifting: Slowing down to live longer. *Psychology Today*, November/December, 32–36.

Rifkin, J. (1987). *Time Wars*. New York: Henry Holt.

● 追踪问题 ）

1. 作者认为，支离破碎的匆忙生活对于许多现代人来说司空见惯，而且甚至被不正当地运用。根据个人经验记录或讨论你对这一观点的看法。

2. 文章中的一个主要观点是每种生活经历都以某种特别的节奏表达自己。举例说明你生活中的这种情况，并说明当你的步调与这些节奏一致或不一致时的情况如何。

3. 作者说，除非我们努力记住主要经验，并和其他人交流，否则这些经验就会从我们的记忆中消失。举一两个例子说明发生在你身上的这种情况。

4. 尝试文章末尾提出的集中精力和放慢速度的方法，然后报告结果。

5. 从文章中选择其他观点，并报告你的想法。

时间格言

我怎样才能充分利用现在的时间？

——阿兰·莱肯

吝啬鬼——生活在当代的人们非常忙碌，因此他们的假期通常都是3到5天（美国旅游业协会称他们是"假期的吝啬鬼"）。

我们做事的速度不断加快，所用的时间越来越少。但是我们要用省下来的时间做什么？我们利用效率、创造力和时间管理完成了越来越多的事情或行动……但是我们尽情享受这些成就的时间却越来越少。

——大卫·罗恩

如果你很享受浪费的时间，那这部分时间就没有被浪费。

——亚伯拉罕·马斯洛

绝不要尝试教一头猪唱歌，因为这是在浪费你的时间，而且也会激怒猪。

——罗伯特·海因莱因

最高价值存在于每一分钟之中，而作为生活最重要的目标之一，匆匆忙忙毫无疑问是快乐最危险的敌人。

——赫尔曼·黑塞

星期天晚上的焦虑是一种真实存在的现象，这是一种在星期天晚上意识到新的一周即将开始的认知……在星期天的晚上，思绪开始不受控制地跑到下一周的工作上，因此构成了生活中的焦虑……上个星期五没有完成的任务将落到下个星期一的头上……

——约翰·赫尔曼

总是快速地做许多事意味着忽略了那些需要时间的事情，比如沉思、创造、尽情享受、爱，以及对某个人倾心投入。

——尼尔森·古德

我是那些利用三年而不是四年时间完成大学学业的众多学生中的一员——我们的暑假填满了所需的学分。我们过着一种只有快进键，却没有暂停键的生活……我是这个非常注重节省时间却从来不知道为何如此的一代人中的一员。

——艾米·伍

我们好像失去了放慢生活节奏——当某一天、某个周末或季节（夏季出现在脑海中）如此要求时——的诀窍。休闲正离我们远去。

——鲍伯·康德

时间转换——关键是要悬崖勒马，学会参与这一过程，而不是一味地追求最终的结果。这并不是说要放弃我们的生活目标——我们需要做的是简单地对它们进行修正，找到我们的创造性和情感自我之间的平衡……无论哪种行动，都需要我们放慢速度，只做一件事并专心做好这件事，然后让自己体会这种成就感……

——斯蒂芬·赫特夏芬

我们渴望加速……对速度的感觉……大脑神经高速运行，只有当速度消失后我们才有所察觉。速度是一种毒品……我们想要被速度化。

——马克·金威尔

在一个快速前进的世界中，我们将更多的精力投入离开和到达，而不是经历这一过程本身。

——杰伊·沃加斯珀

稳定的生活指的是生活中的创造性狂热与轻松的宁静相间隔，这才是人们渴望的。

——杰伊·沃加斯珀

时间疾病指的是这样一种情况：一个人固执地认为时间正在消逝、时间不够，而为了跟上它的步伐，他必须不断加速。问题是，我们的身体能量有限。

——劳瑞·杜西

一个人走在街上。在某个时刻，他试图想起某件事，却想不起来。他无意识地放慢了脚步。与此同时，一个希望忘记某次自己刚刚经历过的、不快的事故的人则开始无意识地加快脚步。放慢和记忆、加速与遗忘之间存在着某种秘而不宣的联系。

——米兰·昆德拉

为了完成这一刻，一步一步地前行，直到到达的终点。在这个过程中，尽可能经历更多美好时光，这才是明智之举。

——拉尔夫·沃尔多·爱默生

● 追踪问题 》

从这些时间格言中选出两个，并讨论怎样才能将它们运用到你现在的生活中。

快乐机器

雷·布拉德伯里

星期天的早晨，里奥·奥夫曼慢慢走过车库，期望木头、一卷电线、一把锤子或钳子跳出来大喊："开始吧！"但是什么都没有发生。

他心里想着："一台快乐机器应该是一种能够被你放在口袋里携带的东西吧？"

"或者应该是一种能够把你放在它口袋中的东西？"他继续想着。

"我可以确定一件事，那就是它应该是亮色的！"他大声说。

他把一罐橙色的油漆放在工作台的中央，拿起一本字典，然后踱进房间。

他看了一眼字典，然后问妻子："莉娜，你'高兴（或满意、快乐、欢喜）'吗？你感到'幸运或幸福'吗？生活对你来说是'充满希望或合适'的，还是'成功或适当'的？"

莉娜停止切菜，闭上眼睛。"请再说一遍那些话。"她说。

他合上字典。

"我说的这些，需要你停下来在告诉我答案之前仔细考虑一小时吗？我需要的就是一个简单的'是'或'不是'的回答！你不满意、不快乐，或不高兴吗？"

"奶牛满意，孩子和处于第二个儿童期的老人们快乐，因为上帝在帮他们。至于'快乐'，里奥，看看我在擦干净水槽时露出的笑容吧……"

里奥凑近莉娜，然后他的表情放松了："莉娜，请认真回答我的问题。男人不吃抱怨这套。"

"我不是在抱怨！"她大喊，"里奥，你是在问是什么让你的心整夜都在跳动的吗？接下来，你要问'婚姻是什么'吗？谁知道呢，里奥？千万别问。一个有着这种想法、考虑这是怎样运行或事情怎样起作用的男人会从马戏团的秋千上摔落下来；一直想着喉咙中的肌肉怎样工作的人吃饭时会被噎到。吃饭、睡觉、呼吸——里奥，不要盯着我看，好像我是这房间里的某样新东西！"

里奥·奥夫曼僵住了。

莉娜吸着气："啊，我的天哪，看看你干的好事！"

她猛地拉开烤箱的门。一股浓烟弥漫了整个厨房。

"快乐！"莉娜悲叹，"这是我们在6个月里第一次吵架！快乐！这是20年来头一次，不是拿面包，而是拿黑炭来当晚饭！"

当烟散去时，里奥已经走了。

可怕的叮当声，男人和灵感的撞击，散乱的金属、木材、锤子、钉子、"T"型直角尺、螺丝、起子等继续共存了很多天。当偶尔感到挫败时，里奥就到街上徘徊，神经紧张、忧虑不安，伴着远处传来的细微的笑声猛抓自己的脑袋。他听着孩子们的玩笑，观察他们发笑的原因。晚上，他通常坐在邻居家拥挤的走廊上，听着老人们讲述平衡和稳定生活的故事，每当快乐的时刻出现时，他马上就表现得像一位已经看到黑暗力量的将军，而他的策略已经得到再次肯定。在他回家的路上，他感到洋洋得意，但这一切只持续到他走进装有死气沉沉的工具和没有生命的木材的车库之前。10个昼夜之后，因为疲惫、太过投入、过度饥饿而颤抖着的里奥，看起来像被闪电击中一样，摸索着慢慢走进了房间。

一直在叫嚷的孩子们安静了下来，好像生命进入了倒计时。

里奥揭开了谜底："快乐机器已经准备好了。"

"里奥·奥夫曼！"他的妻子叫道。在过去的两个星期里，他瘦了10斤，没有跟孩子们说一句话。孩子们感到很不安，总是打架。他的妻子也很紧张，她胖了8斤，她需要新衣服。没错，机器是做好了，但是能不能让人快乐，谁能说呢？"里奥，离开你做的那个时钟。你永远都找不到一个能够大到让人走进去的大钟！男人不是为了瞎搞这类事情而生的。这种做法看起来并不是和上帝作对，但是的确与里奥·奥夫曼格格不入。如果再来这么一个星期，我们就把他埋到他造的机器里！"

但是里奥太忙了，没有时间注意到房间正在很快地飘升。

他躺在地板上想着："真有趣。"

黑暗瞬间包围了他，有人尖叫着"快乐机器"，连续3次。

第二天一早，他注意到的第一件事就是数十只小鸟在空中飞舞，搅动了像彩色石头一样的波纹，就好似石头被扔进了清澈见底的小溪中。它们轻轻地撞击着车库的锡顶。

一群杂交狗一只接一只地走进院子，并透过车库的大门偷偷地往里看，不住地低声哀鸣；4个男孩、2个女孩，还有几个男人在车道上犹豫不决，然后沿着樱桃树缓缓移动。

里奥听着外边的这一切，明白发生了什么，所以伸出头去让他们进到院子里来。

快乐机器的声音响了起来。

在某个夏日里，巨大的厨房里传出来的或许正是这种声音。人们能够发现的只是嗡嗡声，或高或低，时而稳定时而波动。一只茶杯大的金色蜜蜂正忙着准备难以置信的食物。女巨人满足地嗡嗡叫着，走向门口。她的脸是巨大的蜜桃色月亮，她平静地盯着微笑的狗群、留着玉米状发型的男孩和留着面粉状发型的老人。

"等等，"里奥大喊，"我今天早晨没有打开机器！索尔！"

索尔站在下面的院子里，抬头看着。

"索尔，是你打开的机器吗？"

"半个小时之前，你告诉我给它预热！"

"好了，索尔，我忘了。我还没睡醒。"他又倒在床上。

他的妻子给他送来早餐，她在窗前停了下来，看着下面的车库。

"告诉我，"她平静地说，"如果那台机器像你所说的那样，我能在它的哪个地方造个孩子吗？那台机器能够让70岁的老人退回20岁吗？还有，当你藏在那个满是快乐的地方时，死亡看起来是什么样子的？"

"藏？！"

"如果你因为过度劳累而死，那么我今天应该做什么——爬进下面的那个大盒子里，享受快乐吗？里奥，你还要告诉我，我们的生活怎么样。你知道我们的家庭情况。早晨七点，孩子们吃早饭，然后，你们都在八点半离开，只剩下我在家洗涮、做饭、缝补、耕作，或是出去逛商店、做美容。我不是在抱怨！我只是想提醒你，看看这个家庭是怎样凝聚在一起的——这个家庭的零零碎碎，里奥！现在你告诉我，你怎么从一台机器里得到我刚刚所说的这一切？"

"那并不是造它的目的。"

"我很抱歉。我没时间注意这个。"

她亲了他的脸，然后走出房间，留下他躺在那里嗅着从机器中吹出来的风。风里带着浓郁的烤栗子味道，只有在秋天巴黎的大街上才有这种栗子卖，而他以前从来都不知道……

一只猫悄无声息地在那群精神恍惚的狗和男孩们中间穿行，孩子们正对着车库大门嘀嘀咕咕，就好像大雪落地时发出的遥远的有节奏的声音。

里奥想着："明天，我们大家一起试试那台机器。"

那天晚上，他惊醒过来，他知道有什么东西吵醒了他。他听到远处的一个房间里有人在哭。

"索尔？"他压低声音叫着，同时从床上起身。

索尔在他的房里抽泣，他把头埋进枕头里。"不要……不要……结束了……结束了……"他哽咽着。

"索尔，你做噩梦了吗？告诉我，儿子。"

但是孩子只是一个劲儿地哭泣。

里奥坐在孩子的床边，突然想到要往窗外看看：下面，车库的大门打开了。

他觉得自己脖子上的汗毛都竖了起来。

当索尔好不容易再次哭着入睡之后，里奥走到楼下，来到车库前，屏住呼吸，伸出双手。

在凉爽的夜里，快乐机器的金属依旧热得不能碰。

他想，今晚索尔肯定到过这儿。

为什么？在用过这台机器以后，索尔不高兴吗？不是，他是高兴的，但希望永远留住快乐。你能够因为一个孩子聪明到明白自己的处境而责备他吗？

当然不能！但是……

楼上，索尔的窗子里非常突然地飞出白色的东西。里奥的心狂跳不止。随后，他意识到那是窗帘在夜空中飘舞。但是这看起来好像一个男孩的灵魂逃出了自己的房间。里奥伸出手，就好像要拦住它，然后把它推进卧房里一样。

外面冷得让人发抖，他转身走进屋子，来到索尔的房间，把飞舞的窗帘抓进来，然后紧紧地关上窗子。这样，这个苍白的东西就再也无法逃脱了。随后他坐在儿子的床上，把手放在他的背上。

"《双城记》？这是我的。《古玩店》？啊？那是里奥·奥夫曼的！好的！《远大前程》？过去这也是我的，但是现在归他了！"

"你在干什么？"里奥走进来问道。

"我正在，"他妻子回答，"分这些夫妻共有财产！当一位父亲在夜里吓唬自己的儿子时，就到了把财产一分两半的时候了！别碍事！《荒凉山庄》《古玩店》，所有这些书里，没有哪个疯狂的科学家像里奥·奥夫曼一样！没有！"

"你要离开吗？可是你都没有尝试过那台机器！"他抗议，"试试看，你就不会再想离开，而会留下来！"

"《汤姆·斯威夫特和他的电力灭火器》——这是谁的？"她问，"非得要我猜吗？"

她嗤之以鼻，将书塞给了里奥。

在接下来的一天里，所有的书籍、锅碗瓢盆、衣服、亚麻制品都被分好堆了，这儿1个、那儿1个，这儿4个、那儿4个，这儿10个、那儿10个。莉娜数得眼花缭乱，不得不坐下来休息。她气喘吁吁地说："好了，在我离开之前，里奥，你得保证不把噩梦带给无辜的孩子们！"

里奥一言不发地让妻子走出房门。天就要亮了，她站在2米多高的橙色大盒子前面。

"这就是幸福？"她问，"按哪个按钮能够让我感到极其快乐、满意、感激不尽？"

孩子们现在都跑出来，站在一旁。

索尔说："妈妈，不要。"

"索尔，我知道自己在说什么。"她走进机器，坐下，然后看着外面的丈夫，她摇了摇头，"需要这个的不是我，是你，一个大喊大叫的神经病。"

"别这样，"他说，"你会了解的！"

他关上门。

"按下按钮！"他大声对着里面的妻子说。

咔嚓一声后，机器开始安静地颤抖，就好像一条身形巨大的狗在做梦。

"爸爸！"索尔担心地叫着。

"听。"里奥说。

一开始，什么都没有发生，只有机器在抖动着，悄悄地移动着自己的齿轮和轮子。

"妈妈没事吧？"纳奥米问。

"没事，她很好！现在……在那儿！"

他们可以听到坐在机器里面的莉娜的说话声，"哦！"然后是一声惊恐的大叫——"啊！""看看那个！"她说："巴黎！"随后，她又叫道："伦敦！""那是罗马！""金字塔！狮身人面像！"

"孩子们，听到了没有，狮身人面像！"里奥·奥夫曼笑着小声说。

"香水！"莉娜惊讶地叫喊着。

放在某个地方的留声机传来微弱的《蓝色多瑙河》乐曲。

"音乐！我在跳舞！"

"她只是想象自己正在跳舞。"父亲向孩子们透露。

"真是令人惊讶！"里面的女人说道。

里奥涨红了脸："真是一位善解人意的妻子。"

然后，快乐机器里的莉娜·奥夫曼开始抽泣。

发明家脸上的笑容消失了。

"她在哭！"纳奥米说。

"她不该这样！"

"她的确在哭。"索尔回答。

"她不可能在哭！"里奥眨着眼睛，把耳朵贴在机器上仔细听，"但是……没错……哭得像个孩子……"

他只好打开门。

"等等，"他的妻子坐在那里，泪流满面，"让我先哭完。"然后她又哭了一阵。

里奥目瞪口呆地关掉机器。

"哦，这是世界上最让人难过的事！"她抽噎着，"我感觉糟透了。"她爬出大门，"首先，是巴黎……"

"巴黎怎么了？"

"我这辈子从来没想过去巴黎。但是现在你让我情不自禁地想到巴黎。突然间，我特别想去巴黎，可是现在却不能！"

"巴黎几乎和这台机器一样好。"

"不，我知道，自己刚才只是坐在那儿。我知道，那不是真的！"

"不要哭了，妈妈。"

她用黑亮、带着泪水的眼睛看着里奥："然后你带着我跳舞，可是我们在过去的20年里从来就没跳过舞。"

"我明天晚上就带你去跳舞！"

"不，不！这不重要，这个应该不重要。但是你的机器说它重要，因此我信了！我哭一阵就会没事的，里奥。"

"还有其他的吗？"

"其他的？机器说，'你还年轻'，可这不是真的，它撒了谎，它是台悲伤机器！"

"为什么是悲伤？"

他的妻子现在显得更加平静了。"里奥，你犯的错误是你忘记了那些时光——我们大家都会爬出那台机器，回到满是琐碎杂事的日常生活中。没错，当你在机器里的时候，一次日落几乎可以永远地持续下去，空气清新、温度适宜。所有你希望的东西都会一直存在，一直存在。但到了外面，你就会发现孩子们在等着吃午饭、衣服需要缝上扣子。现在，让我们坦诚相告，里奥，你欣赏一次日落能用多久？有谁希望日落持续到地老天荒？谁需要一成不变的完美温度？谁想要空气中一直充满香甜的味道？过了一段时间之后，谁还会在意这些？日落，最好是持续一两分钟。然后，我们要做其他的事。人们喜欢这样，里奥。你怎么能忘了呢？"

"是吗？"

"我们之所以喜欢日落是因为它每次只出现一下，然后消失。"

"但是，莉娜，那很令人悲哀。"

"不是这样的，如果日落一直持续，而我们对此感到厌烦，那才是真正的悲哀。所以你做了两件你从来不应该做的事。你让快的事物放慢速度，然后静止不动。你把遥不可及的东西带到我们的院子里来，但它们不属于这里。它们只能告诉我，'你永远没机会出游，莉娜·奥夫曼，你永远看不到巴黎！也没机会去参观罗马！'。可是我一直知道这些，所以干吗非要告诉我？最好忘记这些，干点儿正事，行吗，里奥？"

里奥无力地斜靠在机器上。他把发烫的手甩开，连自己都感到惊讶。

"那现在该怎么办，莉娜？"他问。

"这不是我说了算的。我只知道，只要这个家伙还在这儿，我就想出来。索尔也想出来，就像他昨天晚上那样，而不是继续看着所有那些遥不可及的地方——每次我们都会大哭。这个家不适合你，里奥。"

"我不明白，"他说，"为什么错得这么离谱。让我检查一下，看看你说的是不是真的。"他走进机器，坐下来，然后对着外面说："你们不会离开吧？"

他的妻子点点头："我们在这儿等着，里奥。"

他关上门。在这个温暖、黑暗的空间里，他犹豫着按下了按钮，然后在缤纷的色彩和美妙的音乐声中放松自己，然后他听到有人在尖叫。

"着火了，爸爸！机器着火了！"

有人在用力捶打着机器门。他跳起来，撞到了头，然后摔倒了，正在这时，门被打开了，孩子们把他拖了出去。他听到身后传来一声沉闷的爆炸声。现在一家人都在往外跑。里奥转回身，喘着气说："索尔，给消防队打电话。"

莉娜一把抓住跑过去的索尔说："索尔，等等。"

火苗飞蹿而出，紧跟着，另一声沉闷的爆炸声响起。当机器完全化为灰烬之后，莉娜点点头。

她对儿子说："好了，索尔，快去给消防队打电话。"

所有人都赶到了火灾现场，其中包括斯鲍丁爷爷、道格拉斯和汤姆，还有寄宿生、峡谷对面的一些老人，以及附近六个街区的所有孩子。里奥·奥夫曼的孩子们站在最前面，洋洋得意地看着从车库房顶冒出来的火苗。

斯鲍丁爷爷看着空中的浓烟平静地问："里奥，这就是你的快乐机器吗？"

"来年等我弄好了，我告诉你。"里奥说。

莉娜·奥夫曼站在黑暗中，看着消防员们在院子里跑进跑出，在车库的咆哮声中做出了决定。

她对丈夫说："里奥，不用一年就能知道。看看周围，好好想想，然后再来告诉我。我会待在房间里，把书放回书架，把衣服放进衣橱，做晚饭。晚饭已经迟了，看看吧，天都黑了。来吧，孩子们，来帮忙。"

等消防员和邻居们走了以后，里奥留下来陪着斯鲍丁爷爷、道格拉斯和汤姆，看着烧毁的废墟思考着。他用脚扒拉着地上湿湿的灰烬，然后慢慢地说出自己不得不说的：

"你从生活中学到的第一件事是你是一个傻瓜。你从生活中学到的最后一件事是，你还是个傻瓜。在过去的一小时里，我想了很多。我想，里奥·奥夫曼是个笨蛋！……你希望看到真正的快乐机器？人们已经早在几千年以前就为它申请了专利，现在它还在运转，虽然并非总是美好的，但是它一直在转动。它一直就在这儿。"

"但是这场大火——"道格拉斯说。

"当然，大火烧毁了车库！不过就像莉娜说的，根本用不着一年的时间来弄清楚——车库里被大火烧毁的东西什么都不是！"

他们随着他来到前门廊的台阶上。

"在这儿，"里奥小声说，"正面的窗子。安静点儿，你们就能看到。"

斯鲍丁爷爷、道格拉斯和汤姆犹豫着透过巨大的玻璃窗往里窥探。

屋里面，在温暖的灯光下，你可以看到里奥·奥夫曼希望你看到的一切。索尔和马歇尔坐在茶几旁下着象棋。餐厅里，丽贝卡正在摆放餐具。纳奥米正在为洋娃娃剪纸衣服。鲁斯正在画水彩画。约瑟夫在玩自己的电动火车。穿过厨房的门，可以看到莉娜·奥夫曼正从冒着热气的烤箱里取出一盆烤好的食物。每只手、每个脑袋、每张嘴都有或大或小的动作。你可以透过玻璃远远地听到他们的声音。你能够听到有人在高声唱着一种动听的歌。你还能够闻到烤面包的香味，而你知道那是真实的面包，而且它的上面很快就会涂抹真实的黄油。所有东西都在那儿，都在运转。

斯鲍丁爷爷、道格拉斯和汤姆转过头来，看着里奥——他安静地盯着窗子里的画面，脸颊布满红晕。

"没错，"他嘟囔着，"就是这儿。"他带着些许悲伤看着，然后心情立刻好转，最后安静地接受了房子里的一切：混合的、躁动的、平衡的，然后再次稳步运转。"快乐机器，快乐机器。"他说着。

过了一会儿，他走了进去。

斯鲍丁爷爷、道格拉斯和汤姆看着他在里面修修补补，稍微调调这儿，动动那儿。他在那些温暖、奇妙、极其精细、永远神秘和总在运转的零部件中忙碌着。

然后他们带着微笑走下台阶，走进清新的夏季夜晚中。

● 追踪问题 ）

1. 布拉德伯里的《快乐机器》创作于五六十年前，文章预示了在当代已经成为现实的技术。许多思想家都曾警告世人，如果你"只是为了快乐而寻找快乐，你永远都找不到"。你是否也曾直接寻找快乐，却无功而返？努力找出你感到快乐时的根本原因，并加以说明。

2. 里奥·奥夫曼努力建造自己的机器，尽管这给他和自己最亲密的家人之间带来了严重的问题。你曾经有过导致类似后果的不顾一切的行为吗？如果有过，讲述其中的原因、影响，以及你是否还会这样做。

3. 这个故事说明快乐是短暂的，永远快乐的情境最终将变得令人厌烦。而短暂正是个人的"快乐机器"必不可少的特性。记录或讨论你对这个观点的看法。

4. 从文章中任意选择一个其他观点进行记录或讨论。

最后一片叶子

欧·亨利

　　在华盛顿广场西边的一个小区里，街道都横七竖八地伸展开去，又分裂成一小条一小条的巷子。这些巷子稀奇古怪地拐着弯子。一条街有时自己本身就交叉了不止一次。有一回，一名画家发现这条街有一种优越性：要是有个收账的跑到这条街上，来催要颜料、纸张和画布的钱，他就会突然发现自己两手空空，原路返回，一分钱的账也没有要到！

　　所以，不久之后，不少画家就摸索到这个古色古香的老格林尼治村来，寻求朝北的窗户、18世纪的尖顶山墙、荷兰式的阁楼，以及低廉的房租。然后，他们又从第六街买来一些合金杯子和一两个小锅，这里便成了"艺术区"。

　　苏和乔西的画室设在一所又宽又矮的三层砖楼的顶楼上。"乔西"是乔安娜的爱称。她俩一个来自缅因州，一个来自加利福尼亚州。她们是在第八街的"台尔蒙尼歌之家"吃饭时碰到的，她们发现二人对艺术、生菜沙拉和时装的爱好非常一致，所以便合租了那间画室。

那是5月里的事。到了11月，一个冷酷的、肉眼看不见的、被医生叫作"肺炎"的不速之客，在艺术区里悄悄地游荡，用他冰冷的手指这里碰一下那里碰一下。在广场的东头，这个破坏者明目张胆地踏着大步，一下子就击倒几十个受害者，可是在迷宫一样、狭窄而铺满青苔的巷子里，他的步伐就慢了下来。

肺炎先生不是一个你们心目中行侠仗义的老绅士。一个身子单薄，被加利福尼亚的西风刮得没有血色的弱女子，本来不应该是这个有红拳头、呼吸急促的老家伙打击的对象。然而，乔西却受到了袭击。她躺在一张漆过的铁床上，一动也不动，凝望着小小的荷兰式玻璃窗外对面砖房的空墙。

一天早晨，那个忙碌的医生扬了扬他那毛茸茸的灰白色眉毛，把苏叫到外边的走廊上。

"我看，她的病只有十分之一恢复的希望，"他一面把体温表里的水银柱甩下去，一面说，"这一分希望就是她想要活下去的念头。有些人好像不愿意活下去，喜欢照顾殡仪馆的生意，这简直让整个医药界都无能为力。你的朋友断定自己是不会好转的了。她是不是有什么心事？"

"她——她希望有一天能够去那不勒斯的海湾写生。"苏说。

"画画——真是瞎扯！她脑子里有没有什么值得她想了又想的事——比如说，一个男人？"

"男人？"苏像吹口琴似的扯着嗓子说，"男人难道值得——不，医生，没有这样的事。"

"哦，那么就是她病得太虚弱了，"医生说，"我一定尽力用科学所能达到的全部力量去治疗她。可要是我的病人开始算计会有多少辆马车送她出殡，我就得把治疗的效果减掉百分之五十。只要你能想办法让她对冬季大衣袖子的新式样感兴趣而提出一两个问题，那我可以向你保证把她医好的机会从十分之一提高到五分之一。"

医生走后，苏走进画室，把一条日本餐巾哭得一团湿。后来她手里拿着画板，装作精神抖擞的样子走进乔西的屋子，嘴里吹着爵士乐的调子。

乔西躺着，脸朝着窗口，被子底下的身体纹丝不动。苏以为她睡着了，赶忙停止吹口哨。

她架好画板，开始给杂志里的故事画一张钢笔插画。年轻的画家为了铺平通向艺术的道路，不得不给杂志里的故事画插图，而这些故事又是年轻的作家为了铺平通向文学的道路而不得不写的。

苏正在给故事主人公——一个爱达荷州牧人——画上一条在马匹展览会上穿的时髦马裤和一片单眼镜时，忽然听到一个重复了几次的低微的声音。她快步走到床边。

乔西的眼睛睁得很大。她望着窗外，数着——倒数。

"12，"她数道，待了一会儿又说，"11。"然后是"10"和"9"，接着几乎是同时，她数出了"8"和"7"。

苏关切地看了看窗外。那儿有什么可数的呢？只有一个空荡阴暗的院子，在大约6米以外还有一所砖房的空墙，以及一棵老极了的常春藤——枯萎的根纠结在一块儿，枝条攀在砖墙的半腰上。秋天的寒风差不多把藤上的叶子全都吹掉了，只有几乎光秃的枝条还缠在外皮剥落的砖块上。

"你在数什么呀，亲爱的？"苏问道。

"6，"乔西几乎用耳语低声说道，"它们现在越落越快了。三天前还有差不多100片，我数得头都疼了。但是现在好数了。又掉了一片。只剩下5片了。"

"5片什么呀，亲爱的？告诉你的苏吧。"

"叶子，常春藤上的。等到最后一片叶子掉下来，我也就该去了。这件事我三天前就知道了。难道医生没有告诉你？"

"哼，我从来没听过这种傻话，"苏十分不以为然地说，"那些破常春藤叶子和你的病好不好有什么关系？你以前不是很喜欢这棵树吗？你这个淘气的孩子，不要说傻话了。瞧，医生今天早晨还告诉我，说你迅速痊愈的机会是——让我一字不改地照他的话说吧——他说有九成把握。噢，那简直和我们在纽约坐电车或者走过一座新楼房的把握一样大。喝点儿汤吧，让苏去画她的画，好把它卖给编辑先生，换了钱来给她的病孩子买点儿红葡萄酒，再给她自己买点儿猪排解解馋。"

"你不用买酒了，"乔西的眼睛直盯着窗外说，"又落了一片。不，我不想喝汤。只剩下4片了。我想在天黑以前等着看那最后一片叶子掉下去。然后我也要去了。"

"乔西，亲爱的，"苏俯着身子对她说，"你答应我闭上眼睛，不要瞧窗外，等我画完，行吗？明天我非得交出这些插图。我需要光线，否则我就拉下窗帘了。"

"你不能到那间屋子里去画吗？"乔西冷冷地问道。

"我愿意待在你跟前，"苏说，"再说，我也不想让你老看着那些讨厌的常春藤叶子。"

"你一画完就叫我，"乔西说着，便闭上了眼睛，她脸色苍白，一动不动地躺在床上，就像是座横倒在地上的雕像，"因为我想看那最后一片叶子掉下来，我等得不耐烦了，也想得不耐烦了。我想摆脱一切，飘下去，飘下去，像一片可怜的疲倦的叶子那样。"

"你睡一会儿吧，"苏说道，"我得下楼把贝尔曼叫上来，给我当那个隐居的老矿工的模特儿。我一会儿就回来。不要动，等我回来。"

老贝尔曼是住在她们这座楼房底层的一个画家。他年过六十，有一把像米开朗琪罗的摩西雕像那样的大胡子，这胡子长在一个像半人半兽的森林之神的头颅上，又卷曲地飘拂在小鬼似的身躯上。贝尔曼是个失败的画家。他操了40年的画笔，还远没有摸着艺术女神的衣裙。他老是说就要画他的那幅杰作了，可是直到现在还没有动笔。这么多年来，他除了偶尔画点儿商业广告之类的玩意儿以外，什么也没有画过。他给艺术区里穷得雇不起职业模特儿的年轻画家们当模特儿，挣一点儿钱。他喝酒毫无节制，还时常提起他要画的那幅杰作。除此以外，他是一个火气十足的小老头，十分瞧不起别人的温情，却认为自己是专门保护楼上画室里那两个年轻女画家的一条看家狗。

苏在楼下他那间光线黯淡的小黑屋里找到了嘴里酒气扑鼻的贝尔曼。一幅空白的画布绷在画架上，摆在角落里，等待那幅杰作已经25年了，可是连一根线条还没等着。苏把乔西的胡思乱想告诉了他，还说乔西瘦小柔弱得像一片叶子一样，对这个世界的留恋越来越微弱，恐怕真会飘离这个世界了。

老贝尔曼两只发红的眼睛显然在迎风流泪，他十分轻蔑地嗤笑这种呆傻的胡思乱想。

"什么，"他喊道，"世界上真会有人蠢到因为那些该死的常春藤叶子落掉就想死吗？我从来没有听说过这种怪事。不，我才不给你那隐居的矿工糊涂虫当模特儿呢。你干吗让她胡思乱想？唉，可怜的乔西小姐。"

"她病得很厉害，她很虚弱，"苏说，"高烧烧得她心智混乱，满脑子都是古怪想法。好，贝尔曼先生，你不愿意给我当模特儿，就拉倒，我看你是个讨厌的老——老啰唆鬼。"

"你简直太婆婆妈妈了！"贝尔曼喊道，"谁说我不愿意当模特儿？走，我和你一块儿去。我不是讲了半天愿意给你当模特儿的吗？老天爷，乔西小姐这么好的姑娘真不应该躺在这种地方生病。总有一天我要画一幅杰作，那样我们就可以都搬出去了。一定的！"

他们上楼以后，乔西正在睡觉。苏把窗帘拉下，一直遮住窗台，做手势叫贝尔曼到隔壁屋子里去。他们在那里提心吊胆地瞅着窗外那棵常春藤。后来他们默默无言，彼此对望了一会儿。寒冷的雨夹杂着雪花不停地下着。贝尔曼穿着他破旧的蓝色衬衣，坐在一把翻过来充当岩石的铁壶上，扮作隐居的矿工。

第二天早晨，在只睡了一个小时以后，苏醒来了，她看见乔西无神的眼睛睁得大大的注视着拉下的绿窗帘。

"把窗帘拉起来，我要看看。"她低声命令道。

苏疲倦地照办了。

然而，看呀！经过了一夜漫长的风吹雨打，在砖墙上还挂着一片藤叶。它是常春藤上最后的一片叶子了。靠近茎部仍然是深绿色，可是锯齿形的叶子边缘已经枯萎发黄，它傲然挂在一根离地面6米多的藤枝上。

"这是最后一片叶子。"乔西说道，"我以为它昨晚一定会落掉的。我听见风声了。今天它一定会落下来，我也会死的。"

"亲爱的乔西，"苏把疲乏的脸庞挨近枕头对她说，"你不肯为自己着想，也得为我想想啊。我可怎么办呢？"

可是乔西没有回答。当一个灵魂正在准备走上那条神秘的、遥远的死亡之路时，她是世界上最寂寞的人了。在那些把她和友谊及大地联结起来的关系逐渐消失以后，她的那个狂想越来越强烈了。

白天总算过去了，甚至在暮色中她们还能看见那片孤零零的藤叶仍紧紧地依附在靠墙的枝条上。后来，夜幕降临了，同时到来的还有呼啸的北风，雨点儿不停地敲打着窗子，雨水从低垂的荷兰式屋檐上倾泻下来。

天刚蒙蒙亮，乔西就毫不留情地吩咐拉起窗帘来。

那片藤叶仍然在那里。

乔西躺着看了它许久。然后她招呼正在用煤气炉给她煮鸡汤的苏。

"我是一个坏女孩，苏，"乔西说，"天意让那最后一片藤叶留在那里，好证明我是多么邪恶。想死是有罪的。你现在就给我拿点儿鸡汤来，再拿点儿掺葡萄酒的牛奶来，再——不，先给我一面小镜子，再把枕头垫高，我要坐起来看你做饭。"

一个小时以后，她说道："苏，我希望有一天能去那不勒斯的海湾写生。"

下午，医生来了，他走的时候，苏找了个借口跑到走廊上。

"有五成希望。"医生一面说，一面把苏颤抖、细瘦的手握在自己的手里，"好好护理，你会成功的。现在我得去看楼下的另一个病人。他的名字叫贝尔曼——听说也是个画家。也是肺炎。他年纪太大，身体又弱，病情很严重。他是治不好了。今天要把他送进医院，让他更舒服一点儿。"

第二天，医生对苏说："她已经脱离危险了，你成功了。现在只剩下补充营养和护理了。"

下午，苏跑到乔西的床前，乔西正躺着，安详地编织着一条毫无用处的深蓝色毛线披肩。苏伸出一只胳臂连枕头带人一把抱住了她。

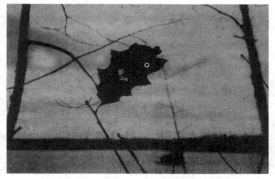

颂最后的一片叶子

"我有件事要告诉你，小家伙，"她说，"贝尔曼先生今天在医院里因为肺炎去世了。昨天早晨，门房发现他在楼下自己那个房里痛得动弹不得。他的鞋子和衣服全都湿透了，冻得冰

它孤零零地站在那儿——秋日里最后一片树叶。它静静地伫立在一棵幼小的阔叶橡树的枝头。它待的时间比其他叶子长一些，或许是因为它喜欢那上面的风景。它好像并不介意边缘的破损，它的身体中间甚至还有个小洞。但是很快，它就会凌空飘落，与地上的同伴们会合，为大地添加一丝亮色，然后慢慢地、慢慢地，越来越小，最终化为尘土。不过，它不会被遗忘。在来年的春天，光秃秃的橡树枝干将吸取土壤中的养分。新芽将会冒出，然后变成一片片树叶——它们与去年秋日里的最后那片树叶一脉相承。

你也将留下奇迹。那会是什么？

凉冰凉的。他们搞不清楚在那个风雨交加的夜晚，他究竟去哪儿了。后来，他们发现了一盏没有熄灭的灯、一把挪动过地方的梯子、几支散落在地的画笔，还有一块调色板，上面涂抹着绿色和黄色的颜料。还有——亲爱的，瞧瞧窗子外面，瞧瞧墙上最后的那片藤叶。难道你没有想过，为什么风刮得那么厉害，它却从来不摇一摇、动一动吗？唉，亲爱的，这片叶子才是贝尔曼的杰作——就在最后一片叶子掉下来的晚上，他把它画在了那里。"

● 追踪问题 ●

1. 一个人"求生的意志"通常和其对某种事或物的期待联系在一起，这种事或物（另一个人、团体、假期、未完成的工作等）超出自己的能力范围。乔西失去了这种期待。在你的生活中，能够让你产生期待的是什么？当这种期待非常微弱时，你会怎么做？

2. 乔西认为，当最后一片叶子落下时，她就会死去。回想某个时刻——你让某种事或物或某个人决定你的生活方向，而不是自己采取主动的时刻。从主要的生活决策角度来看，你认为自己基本上属于外部指向型还是内部指向型？解释你的答案。

3. 老画家贝尔曼很有可能被轻易地划归为负面的类型。回想某个时刻——你把某人进行了错误的归类，最后证明这个人其实是个好人——然后对此进行讨论。

4. 从故事中选择一个语句或观点，然后进行评述。

享受独处

卡恩·鲁本斯坦　菲利普·谢弗

对于有些人来说，独处毫无例外地意味着孤单，而孤单唤起了关于孤立、慌乱、恐惧、无法集中精力、麻木和厌烦的记忆。对于另一些人来说，比如诗人和艺术家，独处基本上包含了所有与孤单相对的含义：极乐、放松、个人完善、一种和这个世界以及其他人心灵相通的温暖情感、创造性和沉思。这些人之间有何不同？又或者，为何在某个人一生的许多时段是某种反应占据主导，而不是另一种反应？

差异只是看法的一部分。有时候，受到过去或现在经验的影响，我们把独处看作同其他人的联系被切断、剥夺或者自己被孤立，这就像孩子在被送回自己的房间接受处罚的感觉一样。（正如诗人柯尔律治在他的诗歌《老水手之歌》中写的："我孤孤单单，独自一人，困守着茫茫大海，却没有一位天神可怜我，痛苦塞满了心怀。"）在这种意识状态下，我们敏锐地察觉到失去和无能为力的感觉——没有其他人的认同和陪伴，而且对此无能为力。失去感导致对自身不足的关注：我们"很恶劣"、不值得被爱、活该被拒绝、脆弱而且无助。在这种状态下，自尊心被削弱了，我们总是感到害怕和充满防备，无法放松和创新。

与这种情况相对，我们所说的积极独处（active solitude）的倾向性则强调独处积极的一面。独处时，你有自己陪伴，而且只是从身体上而不是从心理上与他人切断联系；你可以自由地探索思绪和情感，而无须看其他人的反应。你可以倾听自己的精神对话，然后对自己细微的渴望和情绪做出反应。不过，很奇怪的是，这样做的结果常常是对其他人产生更深的依恋。举例来说，蒙大拿州比林斯市的一位调查对象回信说，她每年都要花十天时间完全独处，这导致邻里间盛传她婚姻触礁的流言。她把丈夫、孩子、狗和三只金丝雀留在家里，一个人躲到山上的一间小屋子里，思考、读书和写作。"我可以尽情狂欢，没有任何责任和娱乐。没有收音机、电视，见不到吵嚷的孩子们和烦人的丈夫。在这十天里只有我自己。我热爱那些远离这一切的日子。不过好笑的是，当我回到家的时候，我会更加欣赏他们——在十天里可以培养出一整年的欣赏，这真是太划算了。"

在接受我们采访的人中，有一个人告诉我们："听上去很奇怪，当我感觉能够完全和自己的爱人和睦相处时，我更能做我自己。我可以更加容易地全心投入工作，更有创造力。当我们分开时，我知道我们很快就会再见，而且如果我需要她，她就在那儿等我。当我们再次相聚时，我们对自己更有意义，更能和谐相处。"

尽管"独处"（solitude）和"孤单"（solitary）两个词都来自相同的中古英语词根，意思是"只有一个人"或"独自一人"，但是它们并不是心理学上的同义词。举例来说，许多人婚姻不幸或者被迫和"没法理解"他们的亲属一起生活，即使这些人和其他人生活在一起，他们仍旧感到要比许许多多一个人生活却和朋友与家人保持密切联系的人更孤单。很明显，不是独自一人也可能感到孤单，而独自一人也可能并不感到孤单。

许多人发现，独处最开始的几分钟或几小时最令人感到不安。比如当独自看一本书或留出时间思考和写作时，我们通常会在开始的（至少）半个小时里做些其他杂事，如打几个不必要的电话、进行不相关的阅读，以及去洗手间或者从冰箱里拿东西等。回避面对自我和逃避孤独感的愿望的确非常强烈。在独处的最初时刻，许多人做出匆忙的决定：外出购物或者打开电视，也正因如此，他们立刻失去了拥有创造性和自我更新的机会。如果这种情况成了习惯，那么他们的认同感和个人力量就会被侵蚀，他们也会习惯性地害怕独处。

纵观历史上隐士们留下来的著作，我们可以发现，他们在刚开始独自走进荒野时，也经历了最初的怀疑、痛苦和恐慌。但是，他们中的绝大多数和我们当中成功地进行了创造性独处尝试的人一样，等待这种短暂的焦虑过去，然后发现自己被独处所赋予的馈赠所打动和丰富。

独处常常以一些极端的形式出现在让男孩转变成为男人的成人仪式中。在原始社会中，许多青春期男孩被送往森林、丛林或者平原，并按照命令独自待一段时间——从一个晚上到几个月不等。之后，他们认为男孩已经"死亡"（象征性的），并获得了重生：以男人的身份重新返回他们生活的世界，而他们少年时代的无知和依赖永远地消失了。如果这听上去有点儿野蛮，那么我们可以想想拓展训练，这是一种风靡美国的消遣活动，适合所有年龄段的人群，要求参与者进行单独的野外旅行。人们认为，独自生存的经验可以培养独立和自给自足的品行。

有些研究人员已经验证了孤独感可以被强化的观点。在一个针对六七十岁人群的实验中，约翰·李利实践了"限制环境刺激"（restricted environmental stimulation）观点——将被试放入装满温热盐水的水池中，要求他们每次在里面待几个小时，甚至几天。心理学家彼得·苏伊德费尔德最近指出，限制性环境刺激治疗（REST）能够让精神病患者变平静，帮助体重超标的人减肥、抽烟者戒烟、酗酒者减少饮酒量，以及让口吃的人说话更为清晰。这种治疗只是把病患放进一个黑暗、隔音的房间待八个小时，不提供收音机、书籍或者其他娱乐。

非常奇怪的是，冥想和沉思基本上是与我们通常所认为的自我意识和自我关注相对立的，尽管它们常常被当作个体内在的活动。在进行适当的探究之后，就会发现，它们根本算不上自我陶醉。冥想专家们认为，当我们在正常的意识下（焦虑或者尴尬）产生自我意识时，占据我们注意力的自我是我们社交想象的虚构物；这是一种类似青少年紧张地想知道自己是否被团体接受时的自我。不可思议的是，当我们独处并让自己度过最初那段很不愉快时期之后，这种社交上的冒牌自我最终会消失，而一种更为轻松、真实的潜在自我开始出现。这种真实的自我无须外界的认同，也不仅是一种社会创造。能够和这种更深层次的自我取得联系的人发现，他们在随后的社交关系中少了很多肤浅、贪婪和紧张。他们不需要为日常的社交自我防御，而这些都是他们的社交面具。

我们的建议是，当你独自一人时，给自己一个机会。不要在刚见到焦虑时就逃掉，也不要想象你自己被切断联系、遗弃或者拒绝。想想你正和自己在一起，让自己放松，听听适合你此刻心情的音乐，做一些你疏忽掉的事情，例如给朋友写封信，或者为自己写篇日记，也可以干脆躺下来，静静地躺着。如果你愿意，你可以在独处时用沉思哲学观点的方式打发时间。不论你应对独处的内容为何，只要你打消了最初的焦虑，就打开了一扇有着丰厚时间回报的大门：安静地祈祷或者沉思，完全沉醉在音乐、绘画当中，专心阅读一本小说或诗集，记录自己的思想情感或喜欢的歌曲诗词。

如果你考虑这种建议，那么你可能就会明白为何积极的独处和亲密相互关联。我们在独处的时候可以体验自己最真实的需要、认识和感受。我们倾听内心最深处的自我。亲密包含向信任的朋友和爱人揭示这种更深层的自我，并真正地倾听他们的需要、想法和感受。换句话说，在独处时，我们通过一种能够增强自己和他人间亲密关系的方式和自己保持着亲密关系。

如果你发现你无法轻松地面对自己，那么你或许也是一位不满足的朋友和爱人。或许你害怕自己身上真的没有什么有意思的地方，认为只有当你得到其他人的陪伴和认同时，你的价值才能得到保证。亨利·詹姆斯在他的超自然小说《私生活》中运用了这种观点。当现场只有他自己的时候，梅利丰特先生就会完全消失。"当他知道有其他人在场时，他才会出现。"梅利丰特先生的"公众特性根深蒂固、非常显著、始终如一"，他单纯地"完全公开"，而且"没有对应的私生活"。在发现了这一恐怖的真相之后，故事的讲述者对梅利丰特先生报以很大的同情。"我对他完美的表演给予私下的同情，我想知道这张面具需要掩盖怎样一张空洞的面孔。我想知道他在那些不能放松的时间里都做了什么，比如当他一个人静静地坐下来时。我想知道他的妻子怎样和这个紧张过度的'自我'相处。"

我们从研究中得知，曾经遭受过失去或拒绝的痛苦的成年人在独身一人时产生这种感觉和恐慌的可能性更大。我们也知道，这些人可能会遇到自尊心方面的问题。但是只要他们拼命地寄望于其他人，而不是面对并克服自身对无能为力的恐惧和其他感受，他们就不可能成为自信和独立的个体。对于这些人来说，花时间独处是克服孤独的最重要部分。

我们不希望过度吹嘘独处。实际上，对于有些以独处取代正常社交生活的人来说，独处会让他们变得沉默寡言、挑剔、苛刻。精神病专家乔治·威兰特讲述了这样一个男人，在他们对话时，这个人已经近五十岁了："在大学期间，他采用变成一位独处的酒鬼的方式来处理对人群的极度恐惧。他喜欢自己听收音机，并发现数学和哲学是自己最感兴趣的课程。尽管害怕和女孩出去，但他非常在意自己的外表……三十年后，他对服装的兴趣减少了很多，却对保持体型非常热衷。他承认在自己的生活中'事务已经取代了人的位置'，而他非常喜欢退回'一个只有自己的、安静而平和的周末'。随着年龄的不断增加，在没有自己家人的情况下，他幻想把自己收集的珍贵书籍留给他很喜欢的一个侄子；但是他在和这位侄子相处的过程中，只做了很少的尝试。"威兰特继续说："他没有结过婚，也从来没有承认过坠入爱河。由于在青春期对女性的过度羞怯，他在四十七岁时仍被'热切的女人'抛弃，而且发现自己'对性感到厌恶和恐惧'。他的生活中没有任何亲密朋友，无论男女，而且他发现依旧很难对妈妈说再见。"

你怎样才能分辨独处是否正引领你走向其他人或远离其他人？总的来说，如果你发现自己可以通过独处得到充实和提升，更加明白你对其他人的爱，应对独处时更少感到恐惧或愤怒，那就说明独处是你社交平衡的一个健康部分；相反，如果你发现自己将独处当作一种长期逃避他人的手段，而且如果在你看来，其他人通常都很可怕、自私、残酷，或过于肮脏，那就表明你正退缩到独处的壳中。我们这样说并不是因为我们希望将某些社交性格的浅薄标准强加给每个人，而是因为许多类似的研究表明，针对其他人的长期防御性退缩可能导致不幸、酒精或药物滥用、表现很差，以及对疾病没有抵抗力等问题。

练习享受独处，但不要破坏亲密关系、友谊或团体关系。让享受独处成为你提升亲密感和归属感的基础。

（更多针对这一主题的内容，参阅林德伯格的《大海的礼物》，以及爱丽丝·科勒的《孤独的车站》。）

● 追踪问题 ）

1. 针对下列语句中的一个或多个写出或讨论你的观点：

（1）"很明显，不是独自一人也可能感到孤单，而独自一人也可能并不感到孤单。"

（2）"回避面对自我和逃避孤独感的愿望的确非常强烈。"

（3）"如果你发现你无法轻松地面对自己，那么你或许也是一位不满足的朋友和爱人。"

2. 作者警告我们，独处可能变成一种恶习，其表现为长期逃避其他人。针对这一观点记录或讨论你的反应。

3 尝试一个或多个积极独处的时间段。如果你不习惯一个人，刚开始时将时间设定为两个小时，然后逐步加长你忍受独处的时间。记录任何形式的抗拒，如怀疑、焦虑或者坐立不安。尝试一个为期一天的"独自一人"时段，花一整天时间避开正常的活动和干扰。报告你的反应，以及你从活动中学到的知识。

森林中的"老师"

尼尔森·古德

第一次偶然遇到森林"巨人"的时候，我停下脚步，目不转睛地看着它，嘴里小声地说着类似"好家伙！"的话。那个"巨人"是一棵巨大的红杉树，它好像默默地生长在森林中某个隐蔽的空间。它是如此巨大，以至于"树"这个词看起来根本不能恰当地描述它。有两个车库那么宽的肉桂色树干直冲云霄，我根本看不到树顶。自然作家巴里·洛佩兹会向野生动植物和自然地貌致敬。他认为它们是自己精神宇宙的一部分，而鞠躬是一种承认精神联结的方式。我同意洛佩兹的观点，但是你怎么向一棵比你高一百米的树鞠躬呢？

那是10月中旬，我在美国加州红杉树国家公园的"巨人"森林区漫步。这里是最大的红杉生长区。红杉主要生长在加利福尼亚内华达山脉的西坡，当地海拔约为2 000米。我到那里是为了直接体验这些很久以来就让我着迷的大树。我根本不知道自己还是个学生。下面是我从这些"巨人老师"那里学到的一些知识。

1. 挑战了人们对于生长的可能性的观念

红杉的巨大能够让第一次见到它的人目瞪口呆。靠近一棵成熟的红杉需要你所有的周边视野，只有使劲儿仰头往上看，你才能看到它的顶部。举例来说，红杉"谢尔曼将军"被认为是世界上活着的最大生物：约有85米高，树围31米，重超2 000吨。我们来做个对比，一棵繁茂的枫树或橡树可以长到约30米高，6米粗。地球上最重的动物——蓝鲸，体重才160吨左右，不到"谢尔曼将军"的八分之一。"谢尔曼将军"现年2 600岁。当莎士比亚开始写他的传世名作时，这棵红杉正当中年；而当托马斯·杰斐逊起草《独立宣言》时，它已经接近2 400岁了。而它并不是年岁最大的红杉。令人震惊的是，红杉"谢尔曼将军"的生命力和年轻的小树苗一样旺盛，一棵"谢尔曼将军"每年新增的木材量相当于一棵20米高的橡树。红杉不需要担心自己的潜力问题：它的本质在于生长的过程，而且它曾经也是一棵小树苗。

2. 稳定的生长对于红杉来说至关重要

为了让自己在冲向云端时仍屹立不倒，红杉依靠的是一套复杂的平衡力量系统。它的根系可以扩展4 000平方米，却非常浅，很少能够超过1.5米深。它的树干挺拔，而它庞大的分支集中在树干的三分之一处，充当平衡的力量。红杉展现出了和谐生命的睿智。

3. 红杉唤醒你的自我意识

如果你走的是远离游客观光点的路线，那么你将遇到已经存在了上千年的红杉。有些红杉和其他树木共生，比如白松、冷杉、香柏，而且周围通常还有蕨类植物——除此之外，在红杉树林中，很少有其他植物。地面上覆盖着厚厚的针叶，当你走上去，就好像踩在海绵上一样，还有黑色的小球果散落在针叶里。如果你很走运，那么这些森林巨人中的一个或许会邀请你原地休息一下。你注意到的第一件事可能是红杉的树皮。树干上的树皮沟壑纵横，有的深到可以放进一个小书包。树皮一般有7厘米厚，呈棕红色，上面有数百年来与森林大火战斗的黑色疤痕。红杉是地球上最耐火烧的有机体之一。树皮的表面摸上去柔软、易碎，下层的木头坚硬却脆弱。（令人庆幸的是，这一特点让红杉在美国国家公园建成前成为某种不受欢迎的木材——尽管有些还是被用来做成篱笆、牙签或者舞池地板之类的物品。）

今天多云，一层薄雾笼罩着树林，这让红杉看起来更加黑暗、庞大。当云雾散开之后，阳光透过繁茂的树冠，温暖了红杉的树干，一股肉桂的气息弥漫开来。你不仅在观看这些树、阳光和10月的影子，还在同一个地方看到了两千年前的岁月风霜。你在观察时间的同时观看空间。这里，唯一新奇的物体是你。

一种独特的燃烧后的气味充满广阔的红杉树林，如果你已经在这些"巨人"中间逗留了两天，你身上就会带着这种气息。我的旅游鞋底和两个红杉球果已经保留了这种气味，而当我需要回想起树林中的感受时，我就会闻闻它们。红杉树林的气味不像营火或壁炉的气味，那是一种烧着了的麝香气味。你会情不自禁地称之为原始气息，但是要证实这一点有些困难。如果你点燃一些埋在土堆里的干蘑菇、树皮和松针，你就会闻到类似的气息——让它们一直燃烧两百年就是我说的味道。这些红杉树本身并不具有这种刺激性香味（你可以从烧焦的树皮上闻到大火的残留气息）。这一地区的其他树种也提供了嗅觉上的享受，而其中就有香柏树皮散发出的阵阵芳香。

在偏远的小路上，几乎没有任何声音。任何噪声都会被这里的环境夸大。从树枝间落下的球果声听起来就像棒球撞击球棒一样，而后

"轰"的一声撞向地面！活蹦乱跳的松鼠和花栗鼠可能冷不丁吓你一跳，特别是当你刚刚读完一本读物，告诉你如果在路上遇到一只熊或美洲狮应该怎么应对时。最让人心动的声音来自另一种野生生物。如果你把最黑暗的夜晚想象成一只鸟，那么你将创造出一只大乌鸦——比普通的乌鸦稍大一些。它们不时地在空寂的树林中彼此呼唤，发出的声音不同于普通乌鸦的高频叫声，而是一连串低沉、有回响的嘶哑叫声。它们的声音听上去更像大青蛙而不是乌鸦。大乌鸦的叫声一开始让人难以接受。最终，我意识到这种声音是这片森林所特有的。我最喜欢的声音是乌鸦们飞翔时发出的。我以前从来没有听到过鸟飞的声音。当一只大乌鸦直接从头顶飞过时，你能听见它的翅膀发出一阵阵轻柔的"呼哧呼哧"的声音。每次听到这种声音，我都会抬起头来微笑。巴里·洛佩兹可能会为此鞠躬致意。曾经有超过80只的一群大乌鸦从我头顶上飞过，而数十个"呼哧呼哧"的低啸声让我觉得自己好像站在一架长着羽毛桨片的直升机下面。

生命中最重要的东西中有一大部分存在于直接的体验中，比如爱、美丽、音乐、自然，以及我们的身体。现代生活强调认识和接触这个世界的间接模式，包括：电子通信、虚拟现实，以及与抽象概念共存等。红杉提醒我们，我们也是有感觉的生命，而直接体验对于完整、和谐的生活来说必不可少。

4.当树林的声音消失之后，剩下的便是全然的寂静

寂静加深了静止。这里没有声音，没有运动，只有寂静。红杉站在这一片浓重的安静之中，安静现在笼罩了整个树林。艾拉·普罗果夫这样说："有寂静，但也有回声。"（1992，p. 389）

对于有些人来说，寂静是应该回避的：它让我们感到孤独，让我们审视内心，而我们可能不喜欢那些发现；或者它是一种对虚无和死亡的暗示。于是，人们开始投身于掩饰寂静的噪声中，在每天的任何时刻都要倾听自己的心声——声音，许多声音——有些是好的，但也有一些是让你感到厌烦的。

人们在哪里可以找到寂静，或者至少是一种不间断的、相对的安静呢？新闻报道过这样一个人，他试图获得美国联邦政府的保护，只要能够保证他在每个州都可以获得一个简单的东西：6平方厘米的寂静。而为了获得这6平方厘米的寂静，方圆1.5千米的范围内都要受到限制。我们可能找不到完美的寂静空间，但是我们的确需要类似它的东西。正是寂静能够从虚无中创造出事物。只有在寂静中，人们才能听到内心最深处发出的微弱声音。想想停顿的力量，音乐或对话中安静的间隔的力量。就像梭罗（1854/1962）告诉我们的："如果我们非得大喊大叫，那么有很多微妙的事情就无法说出口。"（p. 209）

5. 活着的事物之间存在着某种联系

体验红杉林中的寂静有时让人感到迷惑：看着树林中各种生物无声的和谐，你会发现寂静对于它们来说是多么自然，这种感觉让你自动把自己归为局外人。如果你安静地在巨树旁边坐上一会儿，这种陌生感就会消失。静静地坐着，和"巨人们"在一起，最终你会产生一种接受感——你在那儿也是可以的。在寂静中度过更长的时间之后，你就会开始意识到另一种变化：时间停止了，剩下的只有这一刻，而这一刻延伸为永远。你和森林中其他事物的界限不那么分明了。在某种程度上，你们有着共同的身份，这是一种更深层次的融合。

其他人也对这种人与自然的共同身份进行过阐述。爱默生（1926/1951）写道："田野和森林提供的最大喜悦在于暗示了人和植物之间存在一种神秘的关系。"（p. 381）托马斯·摩尔（1992）——一位荣格学派的治疗师，曾做过僧侣——提出："当我们否认我们周围的简单事物有灵魂时，我们就失去了自己灵魂的重要来源。具体来说，一棵树可以告诉我们很多……像个体一样拥有表现自己的方式。但是在它的这种表达过程中，它也向我们展现了我们自己灵魂的秘密，因为这个世界的灵魂和我们自己的灵魂之间并没有绝对的分别。"（p. 214）尼古斯·卡赞特扎吉斯（1952）提出："你能理解它吗？这不在我的控制范围之内。世间万物看起来都有自己的灵魂——树木、石头、我们杯中的酒，以及我们脚下的土地。万物，绝对的世间万物！"（p. 77）

自然科学界也暗示了生物之间的这种基本联系。卡尔·萨根（1980）认为："通过研究地球生命的核心部分，也就是控制着细胞化学性质的蛋白质和携带遗传指令的核酸，我们发现所有动物和植物的这些分子本质上相同。我和橡树是由同一种物质构成的。如果追溯得足够远，那么我们还会拥有共同的祖先。"（p. 33）你、乌鸦，以及巨大的红杉是由同样的物质构成的——差异源自编码的过程。同一首歌，却可以用不同的乐器演奏。

6. 与矛盾共存

这一课缘起于"巨人"在森林中的一个最小的伙伴——赤栗鼠（道氏红松鼠）。它的体型比花鼠大，但比松鼠小。活泼的赤栗鼠和一棵巨大的红杉相比过于渺小。但是许多巨树能够生存，正是得益于这种毛茸茸的"小侏儒"——因为赤栗鼠会饿。赤栗鼠无法抗拒美味的红杉球果。不论是从地上捡到，还是从树枝上摘取，赤栗鼠最终都能用它们的爪子拿着球果，转着圈啃食外面的一层，有点儿像孩子在展览会上啃一根玉米。通过赤栗鼠的啃食，红杉球果里的种子得以传播散落到各处。每个球果里生有约200粒种子，而每棵红杉可以结出大约2 000个球果。红杉的种子本身出乎意料地细小。我把一粒种子放在单词"seed"（种子）上，而它只盖住了前三个字母。真是矛盾！巨大的红杉之所以存在，居然要归功于这么小的一粒种子。

巨树的存在过程中还有许多矛盾的地方。很少有巨大的红杉因火灾而亡。千百年来，大火在红杉的树干上留下了许多灼烧的痕迹——有些焦黑的沟槽甚至有30厘米深、3米长。不过，巨树不会燃烧太久。红杉具有内在的防火部门：让树皮呈现出肉桂棕色的丹宁酸是有效的大火抑制剂，而且可以抵制害虫侵袭和菌类生长。经受得住火灾考验的红杉会从其后的效应中受益。森林大火提供了富含矿物质的苗床；在树冠上打开更多缝隙，让更多阳光照射土壤；减少了来自不耐火的植物的竞争；烘干了红杉的球果，促使球果自动打开并播撒种子。巨树指导我们怎样将一种潜在的破坏性力量转变为盟友。

7. 老化

没有哪棵红杉死于老化。正如前面所提到的，红杉的生命力在2 000岁时仍和200岁的幼苗一样旺盛。但是红杉的确会死亡——其中一小部分毁于自然灾害，还有一些被19世纪的伐木工人砍伐。但是，从来没有一棵红杉被确认因为年老而死亡。导致其死亡的主要原因是倾倒。这是因为对于红杉的平衡至关重要的根系被自然或人为的土壤侵蚀从地下切断。这可能需要几百年的时间，但是没有了维持平衡的根部，红杉必将倒下，而且这通常发生在没有被注意到的情况下。巨树讲述了死亡的方式：不断生长，直到倒下那一刻。

8. 奇迹

红杉散发出一种悄无声息的支配感，或许是因为它们的巨大和神秘，正如约翰·斯坦贝克（1963）所说的"屈服于魔咒"。有些人可能要问：红杉的目的究竟是什么？巨树没有回答这个问题。红杉对活着感到满意。萨姆·金在《对奇迹抱歉》（1969）一书中指出，所有奇迹的主要来源都是不平等的意识，即实际上有些事物优先存在。简单来说，有些事物也很有可能不存在。红杉的存在是一种击败不存在和空无的胜利。金继续说，这是一种"事物存在而不超越的喜悦"的原因（p. 29）。同样地，你存在，但是为什么是你？一个男人在一生中生产了数十亿个精子，一个女人则生产了几百个卵子。你的开始只是某个精子和卵子的结合。如果另一个精子刚好游到构成你的那个精子旁边，而且稍稍快一点儿，出现的就是另外一个人，而不是你了。你的存在，也是奇迹的一个例证。

现在我要结束对红杉的研究了。我赞同梭罗（1854/1962）的结论，他认为："我们需要野生生命的滋补"，以便"当看到用之不尽的活力、巨大的要素时能够进行自我更新……我们需要证明我们超越了自身的局限性，而有些生命自由地存在于我们从未到过的地方。"（p. 339）

你不必置身于红杉林中去学习生命的课程。关键是你的观念：找到一个存在奇迹的地方，去拜访，去寻找那个咒语。

● 参考文献 ●

Emerson, R. (1926/1951). *Emerson's Essays*. I. Edman (Ed.). New York: Perennial Library.

Kazantzakis, N. (1952). *Zorba the Greek*. New York: Simon and Schuster.

Keen, S. (1969). *Apology for Wonder*. New York: Harper & Row.

Moore, T. (1992). *Care of the Soul*. New York: Harper Perennial.

Progoff, I. (1992). *At a Journal Workshop*. New York: Jeremy P. Tarcher/Perigee.

Sagan, C. (1980). *Cosmos*. New York: Random House.

Steinbeck, J. (1963). *Travels with Charley*. New York: Bantam.

Thoreau, H. (1854/1962). *Thoreau: Walden and Other Writings*. J. W. Krutch (Ed.). New York: Bantam Books.

● 追踪问题 ●

1. 从文章中选择两个语句，然后进行评论。

2. 从文章中任选两个观点，说明它们怎样与你的生活相关。

3. 作者主张我们生活中最重要的是直接的经历而非间接的。解释这种观点对你来说是否正确，并说明原因。

4. 说明你和寂静的关系。解答这一问题：是否需要像作者所提出的那样，倾听我们内心更深处的声音？

5. 作者描述了红衫怎样把一种破坏性力量（大火）转变成一种建设性力量。举例说明你怎样将一个危机、问题或对抗性局势转变成一种积极条件。

个性与金钱取向

罗伯特·沙利文

在阅读其他内容之前，请先完成下面的测试。

金钱取向测试

1. 在投资决策中，我宁愿求安全，也不愿因为投资失败而后悔…0

我坚信只有冒险才能获得成功 ……………………………… 1

如果你的答案是0，请继续回答问题2。

如果你的答案是1，那就说明你是"猎人"。

2. 在涉及钱的时候，我首先想到的是自己的利益 ………………0

就算是遇到钱的问题，我也认为先人后己更重要 ……………… 1

如果你的答案是0，请继续回答问题3。

如果你的答案是1，请跳到问题7。

3. 财富让人看起来更有吸引力。（1=完全不同意；7=完全同意）

1   2   3   4   5   6   7

如果你的答案为1、2、3、4或者5，请继续回答问题4。

如果你的答案是6或7，那就说明你是"奋斗者"。

4. 我最喜欢购买奢侈品 ···0

我最喜欢购买实用而又合理的东西 ·······················1

如果你的答案是0，那就说明你是"卖弄者"。

如果你的答案是1，请继续回答问题5。

5. 在消费方面，我觉得为将来做打算远比现在享乐更重要。（1=完全不同意；7=完全同意）

1   2   3   4   5   6   7

如果你的答案是1、2或3，那就说明你是"筑巢者"。

如果你的答案是4，请继续回答问题6。

如果你的答案是5、6或7，那就说明你是"收集者"。

6. 当遇到买保险的问题时，你如何评估自己的选择？

非常有能力 ···1

稍微有些能力 ···2

不确定 ···3

亏本 ···4

如果你的答案是1、2或者3，那就说明你是"收集者"。

如果你的答案是4，那就说明你是"筑巢者"。

7. 我的首要选择是获得财务上的成功。（1=完全不同意；7=完全同意）

1   2   3   4   5   6   7

如果你的答案是1或2，那就说明你是"理想主义者"。

如果你的答案是3或4，请继续看问题8。

如果你的答案是5、6或7，那就说明你是"保护者"。

8. 当选择一项合理的投资时，你如何评估自己的选择？

非常有能力 1

稍微有些能力 2

不确定 3

亏本 4

如果你的答案是1或2，那就说明你是"保护者"。

如果你的答案是3或4，那就说明你是"理想主义者"。

下面给出七种金钱取向的描述。看看你的测试结果是否和你的取向描述一致。要牢记，并非所有的特征都一致，但是整体的描述相对而言应该准确。

猎人（hunter）：约占总人口的13%；平均收入最高；积极并热切地希望赚取、花费金钱和投资；认为金钱意味着快乐、成就、权力；自觉在理财技巧方面能力突出；希望冒险；有铺张浪费的倾向。

收集者（gatherer）：约占总人口的19%；对金钱问题的态度较为保守（紧紧攥着挣到的钱，选择风险很低的投资方式）；认为金钱意味着安全；理财方面能力很强，花钱的自律性很高；通常被视为吝啬；对金钱问题过于谨慎。

保护者（protector）：约占总人口的16%；为其他人服务是其主要的金钱价值观（其他人在花钱方面具有优先权）；是所有类型中收入排第二高的群体；反对有风险的投资；认为财务状况良好并非衡量自我价值的标准。

卖弄者（splurger）：约占总人口的14%；认为金钱的意义在于消费；在花钱的态度上更为随心所欲，而非切合实际；在服装、用餐和旅游等方面想要追求"一流"；倾向于低风险投资；可能购买一些自己买不起的东西。

奋斗者（striver）：约占总人口的13%；认为金钱对生活起着决定性的作用；认为能否取得金钱上的成功，取决于运气或者所认识的人；在所有类型当中，平均收入最低；多认为自己缺乏理财技巧；认为金钱等同于权力和幸福；容易嫉妒更有钱的人。

筑巢者（nester）：约占总人口的14%；只想要能够维持生活的钱；对金钱的情绪依恋很低；认为金钱并不等同于地位、价值或快乐；理财技巧最少；是所有类型中最有可能在赢得彩票大奖后辞职的。

理想主义者（idealist）：约占总人口的10%；是所有类型中最不切实际的群体；平均收入排倒数第二；认为金钱是一种生活的必需品，但和快乐或自我价值没有任何关系；与筑巢者相似，但更加慷慨；最有可能把钱用来买保险和存银行，而没有其他投资方式；通常不看重金钱。（有关这些金钱取向类型更完整的描述，请参阅罗伯特·沙利文的著作《美国人的金钱观》。）

● 追踪问题 ▶

1. 解释你同意或不同意自己的测试结果和取向描述的原因。你或许具备不止一种取向的特征，不过，应该有一种是主要的。

2. 考虑请一位重要他人根据上面的金钱取向描述为你归类，看看他们是否认同你的测试结果，并探讨你所学到的。

3. 你目前的金钱取向是一成不变的还是随着时间而变化的？探讨你的答案。

4. 你会怎样描述你父母（监护人）的金钱取向？这对你自己的取向有何影响？

5. 如果你已婚或者正处于一段亲密关系中，你的另一半有着哪种金钱取向？他（她）的这种取向是否与你的相容？讨论你的答案。

6. 如果你对自己的金钱取向不满意，那么考虑和其他有着不同取向的人谈谈，然后讨论你所学到的内容。

7. 请结合本书第一部分中戴安·黑尔斯的《金钱与婚姻》一文进行思考。

8. 说明你的金钱取向如何影响你的幸福程度、人际关系和成长。

对金钱的思考

尼尔森·古德

我认为一种东西的代价，就是指需要用多少生命力去换取——不论是即刻的，还是长久来算的。

亨利·梭罗于瓦尔登湖

梭罗非常渴望体验生活中的哲学、自然和写作。因此，他每天早晨都在阅读 （偶尔也会和镇上的人交谈），下午在森林、田野中和湖泊旁散步、观察，晚上则进行日记写作（最终产生了一部200万字的巨著）。他能够在6个星期里赚取一整年的物质需要。

但是对于我们绝大部分人来说，每年工作6个星期并不能满足我们全年的物质需要。我们需要更多的钱。钱不仅仅能用来购买商品，还具有重要的心理和象征意义。毫无例外，告诉他人你能赚多少钱是一种最高级别的揭示行为。对于许多人来说，金钱是一种表明你的价值和地位的东西，无论我们喜欢与否。金钱和权力、安全、希望、慷慨和人与人之间的影响力相关。绝大部分人都知道，金钱是他们生存的核心部分，但很少有人真正理解他们的财务决策。我们对金钱问题的反应在很大程度上揭示了我们认同的问题，以及我们所看重的东西。当金钱本身不具任何意义时，我们通常将其当作一种罪恶的力量——我们赋予它这些意义。正如梭罗在上面指出的，我们的部分生命力被用在追求物质上。

除了戴安·黑尔斯（第一部分）和罗伯特·沙利文（第三部分）的相关文章之外，我们在这里提供另外一些针对金钱的想法：

> 每个关于钱的问题都是一种复杂的生活问题。因此，在我的生活中，我希望寻求对诸如安全、权力、舒适等重要问题的深层次的理解。钱的问题——难以满足储蓄、投资的需要——把我排挤出自己的私人安全地带，并将我逼入一个充满矛盾、选择和担心的喧嚣世界……我现在意识到这有助于我找出自己究竟属于哪种类型的人——为了能够获得物质上的安全，我希望做什么、不希望做什么。
>
> 乔恩·斯佩德

● 2001年，美国每个家庭平均信用卡负债超过8 000美元（是10年前的3倍）。每个家庭平均拥有10多张信用卡和借记卡。

● 想象一下，一个人本应给你100美元，却给了你80美元。你能接受这种交易吗？当然不能。但是，这就是你在偿还绝大部分信用卡债务时的做法。以5 000美元的信用卡差额、16%的利息率为例进行计算，如果你每月只偿付最低额度的还款，那么需要28.5年才能还完，而你要付出的比原来的两倍还多。

● 几乎所有的金融理财人员都把信用卡作为有效理财的一种主要方式。思考信用卡购物的一种方式是弄明白它究竟是什么——一种贷款。你每次用信用卡购买商品，都是贷了一次款。这就是为什么绝大部分理财顾问会告诉你只对必需的物品使用信用卡。

在日常购物时（比如买食品、日用品），尽力花纸币而不要刷信用卡，看看你能节省多少。使用纸币和刷卡在我们大脑中留下的印象是不同的。使用真实的纸币时，你就消除了信用卡带来的幻觉——你真的"有那些钱"。

● 小心"权利陷阱"。许多人将大笔消费合理化，因为他们认为自己有权这样做，比如，"我工作一直很努力，我这段时间很辛苦，所以我应该给自己买某某东西作为奖赏"，"其他人'不配'得到某某东西，但我不同"，以及"人这辈子就活一次"。这些话没错，但是你也可以在没有债务重压的情况下生活。

● 在过去的25年中，破产情况增加了400%。

● 花钱的基本准则（简·布赖恩特·奎因，《新闻周刊》，2003年9月15日）：

1. 每个月用于偿还定期债务（信用卡欠款、车贷和房贷）的费用不应超过正常收入的36%。

2. 花费在住房上的费用应不超过你收入的2.5倍。

3. 至少把5%的收入存起来。这将帮助你建立一种安全收益，以应对危机，如疾病、丢掉工作，以及孩子的出生等。

4. 如果购买了一套更为昂贵的房子，至少需要准备好6个月的还款额。

以开源的方式管理自己钱财的人对自己感到满意。他们不会被手里的钱支配。

简·查兹基

● 参考文献 ●

Chatzky, J. (2003). *You Don't Have to be Rich: Comfort, Happiness and Financial Security on Your Own Terms*.

Opdyke, J. (2004). *Love and Money*.

Warren, E., & Warren Tyagi, A. (2003). *The Two-Income Trap*.

Zimmerman, S. (2004). *The Power in Your Money Personality: 8 Ways to Balance Your Urge to Splurge with Your Craving for Saving*.

● 追踪问题 ●

1. 你对金钱抱有何种心态?

2. 你在理财方面遇到的最大难题是什么? 你可以怎样改进? 你在理财方面具有哪种优势?

3. "权利陷阱" 与你和你的花费有何关联?

4. 从文章中至少选择一种观点,然后应用到你的现实生活中。

个人的死亡自觉

J. 威廉·沃登　威廉·普洛克特

个人死亡自觉指数

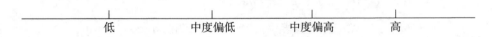

低　　　　　中度偏低　　　　中度偏高　　　　高

你的个人死亡自觉（personal death awareness）是一种波动的现象，每天都有高低变化。在有些日子里，你能够更加明确地意识到自己的生命有限；而在其他日子里，你的行动或思考方式表现得仿佛你会永远活下去一样。

我们绝大部分人的死亡自觉指数通常都很低，这是因为我们避讳自己会死亡的想法。我们有意或无意地否认有一天自己的生命必然结束。我们否认的程度越强烈，我们的个人死亡自觉指数越低。

我有意识地要求你提高自己的个人死亡自觉，这样你就可以开始认识到有关你生命和死亡的完整选择范围，这可能是你以前没有意识到的问题。

正如内向型和外向型个性中存在极端的一面一样，个人死亡自觉也存在极端。你或许只希望尝试一个极端——自觉指数低的一端。你所经历的所有高死亡自觉或许都伴随着一些非常不愉快的情况，比如朋友或心爱之人的去世，而这让你抗拒提高自己的死亡自觉。但是我常常发现，如果一个人自愿提高自己的个人死亡自觉，并且成功直面自己的死亡，那么他很少愿意再回到之前没有自觉的状态。

精选的个人死亡自觉练习

1.任意画一条直线，长度随意

把这条线当作你的总寿命。在线上的某一点随意画一道斜线（／），表示你在这一生命年表中的当前时间。现在，填空，完成下列句子：

● 我希望活到_____岁。

● 我现在_____岁。

当你对比你现在的年龄和你预期死亡的年龄时，你发现自己已经度过了多长时间：三分之一，一半，三分之二，或者更多？现在再来看那条画着斜线的生命线，估算一下在这条生命线上，自己还剩下多长时间。

许多做过这项练习的人发现，他们把斜线标注在比他们写出来的年龄要早的地方。当你看到自己的生命被表现在一条直线上，并赤裸地展现在你的面前——就好像一条跑道或公路线路图时，你可能就会产生赋予自己更长生命的倾向——或许比你知道的更长。

承认自己的生命有限是种怎样的感觉？有些人担心这样做不吉利——古老的迷信开始抬头，并萦绕在他们的心头。你对这点感到担心吗？

2. 花几分钟给自己写一篇祭文

先别急着合上书！我的许多学生都抽时间做了这个练习，他们对它的作用印象特别深，尤其是对把死亡作为他们个人的一方面。你可以用你自己的格式，或者采用下面给出的模板。如果你采用下面的这个，那么就需要你花些时间，填写空白的地方。

祭文

＿＿＿＿＿＿＿于今天逝世，享年＿＿＿＿＿＿岁。出生于＿＿＿＿＿＿＿＿＿＿，他（她）逝世于＿＿＿＿＿＿＿＿＿＿＿＿＿＿＿＿＿＿。他（她）的＿＿＿＿＿＿＿＿＿＿＿＿＿＿＿＿＿＿＿＿＿＿＿＿

＿＿＿将永远被人们牢记。

他（她）经受了＿＿＿＿＿＿＿＿＿＿＿＿＿＿＿＿＿＿＿＿

＿＿＿＿＿＿＿＿＿＿＿＿＿＿＿＿＿＿＿＿＿＿＿＿＿＿＿＿＿＿＿

＿＿＿＿＿＿＿＿＿＿＿＿＿＿＿＿＿＿＿＿＿＿＿＿＿＿＿＿＿＿＿。

具体的丧葬事宜如下：＿＿＿＿＿＿＿＿＿＿＿＿＿＿＿＿＿＿＿

＿＿＿＿＿＿＿＿＿＿＿＿＿＿＿＿＿＿＿＿＿＿＿＿＿＿＿＿＿＿＿

＿＿＿＿＿＿＿＿＿＿＿＿＿＿＿＿＿＿＿＿＿＿＿＿＿＿＿＿＿＿＿。

起草自己的祭文时你有何感受？你觉得焦虑或不安吗？有哪些问题让你想到以前曾经拒绝或疏于思考的事情？

你认为自己将怎样死亡？是所谓的“自然”死亡，还是死于一种致命的疾病，或是以一种快速、极端的方式死亡，比如死于一场事故或被杀害？你有没有可能会选择一种自己实施的死亡，如自杀？

有些人发现，自己非常希望别人能够通过某个特别的事件记住自己，所以他们在祭文中插入了一些有趣的内容。幽默可以消除一个严重问题所引发的刺痛和不舒服的感觉。

在撰写自己的祭文时，最难处理的一个细节是列出那些生者。绝大部分人都认为自己将在父母之后、儿孙之前离世。但是轮到还健在的兄弟姐妹们时，事情看起来就比较棘手。你希望目前健在的兄弟姐妹们中的哪一个先你而去呢？谁将比你长寿？如果你已经结婚，你希望比丈夫（妻子）长寿吗？

你的死亡自觉还可以帮助你更为有效地度过每一天：

● 你可以直接处理情感而无须隐藏它们。

● 你可以确定是死亡的哪个特别之处引发了你的焦虑；一旦你查明了其中的原因，你就能够采取应对措施。

● 你可以从有准备的机会中受益，并且不会再把可以在今天完成的任务拖延到明天——明天也许就太晚了。

如果你想到你和自己所爱的人不能永远在一起，那么你就能在个人关系上多一些重视，少一些敷衍。如果你推迟表达自己的欣赏和爱，死亡的介入或许让你暂时的推迟成为永远的遗憾。如果你长时间隐藏自己的怨恨，那么坟墓可能会阻止这些怨恨的最终释放。在心理治疗研讨会上，我常常不得不和一些人一起工作——他们心中怀着很深的怨愤，但从来没有向他们的父母表达过。现在父母已经过世，但这些怨愤却依然阴魂不散，因此他们不得不通过治疗来解除困扰。

我想到心理学家罗洛·梅理解死亡地点的论述，他这样写道：

"面对死亡为生命本身赋予了最积极的真实性。这让个人的存在变得真实、绝对和具体。死亡是我生命中一个绝对而非相对的事实，而我对这一点的认知给予我的存在和每时每刻的行动一种绝对的品质。"

人们常常问我，与死亡打交道是不是一种令人沮丧的经历。这也许是种悲哀的经历，尤其是当一个特别亲近的人离去时，但是也有它积极的一面：与死亡打交道增强了我对生命短暂、生活在现在的重要性，以及不要将事情拖到明天的意识。

只要你让你的个人死亡自觉健康地增强，你就可以发现自己能够带着一种全新的、健康的热情投入生活。

● 追踪问题 〉

1. 探讨你从作者所提到的一个或多个个人死亡自觉练习中学到的知识。

2. 讨论你自己的家庭怎样应对死亡这一主题。你认为这是你希望保持方式吗？或者你希望改变其中的哪些方面？

3. 解释你对于提高自身个人死亡自觉是有益的这一论题所持的态度。

硅蛇油

克里福德·斯托尔

我，一位互联网瘾君子？我过着充实的生活，有家庭、朋友，还有一份工作。计算机只是一项副业，不是我的生活。

木星从东方缓缓升起，俯视着康涅狄格的农场——我正在这里度假。农场的一边是一片森林，另一边是一片玉米地。有三个家伙正在隔壁的房间里谈论纽约尼克斯队的情况；厨房里，几个女人正在做奶油爆米花；其中有个人叫了我一声，但是我没理她。

我的手指放在键盘上，我置身于阴极射线管的冷光之中，回复电子邮件。当一个朋友拿着望远镜看着天空，另一个朋友一个劲儿地往嘴里塞爆米花时，我正给大洲另一边的一个陌生人写信。我的注意力全都在互联网上。

今天晚上，我需要写20封回信，有3个人邀请我在网上聊天，还有10多条新闻内容需要看，还要下载许多文件。我能做完吗？

我从计算机屏幕上看到自己的样子，一股寒意透过脊背。尽管在度假，我还是无法逃避计算机网络。

我深吸了一口气，然后拔掉了插头。

　　我上网的时间已经有 15 个年头了，目睹过数千台计算机联合形成一种无处不在的全球网络。最初的阿帕网（advanced research project agency, ARPA）看起来就像一个学术玩具，是一种跨越大洲、连接没有生命的计算机的新奇事物。后来，这种玩具开始提供电子邮件，偶尔也接收来自其他天文学家的文件。

　　随着阿帕网发展为互联网，我开始依赖电子邮件与同事和朋友们保持联系。随后，用户网从世界各地带来各种信息。这演变成一种全新的交流方式。

　　1986 年，当我在伯克利处理一台计算机系统时，我无意中发现了一群侵入计算机的黑客。这些不是普通的网络黑客，他们将窃取的资料卖给苏联的情报机构。

　　为了找出他们，我花了一年时间。在那段时间里，我意识到我们的网络不仅仅是通过电缆连接在一起的计算机系统，还是合作性团体。

　　从那时开始，互联网就变成了一种最吸引人、最让人感兴趣的社区。电子邮件和聊天短信让我和世界各地的朋友们保持着联系；数据传输让我和同事们交换信息。我通过用户网加入讨论，张贴提问，回答问题。只要动一下鼠标，我就可以阅读当天的新闻或者一份月度报告。一下子，事情变得既有趣，又富于挑战性。

　　但是看看我付出了什么样的代价！单单浏览这个网络社区就需要每晚花上两小时的时间。我发现自己费劲地在网络档案文件中刨找，或者在万维网（world wide web）上搜寻新奇的事物。我要花费很多时间下载文件，了解新闻。一点一点地，我的日子逐渐消失，渗入我的计算机中。

但是这种交流所传递出的信息真正有用的很少。计算机夺走了我的全部注意力——不是因为内容，就是因为格式，不过网络看起来并不满足。

我不能抛弃网络。或者也许我可以？现在，我抓抓脑袋，不由自主地想知道答案。

或许我们的网络世界并不是一条通向自由的通用门户。这会不会只是一种脱离现实的、让人分心的手段，一种将我们的注意力和才智从社会问题上拉走的自我欺骗方式，一种鼓励被动接受而非主动参与的被滥用的技术？我开始提出这类问题，而我并不是第一个这样做的。

因此我写了这篇自由形态的、对困惑进行思考的文章。计算机本身并没有烦扰我们，给我们造成困扰的是信奉它们的文化。

我认为接下来的内容表明了我对这种最为流行的团体所抱有的不断加强的矛盾感情。我提前向那些期盼我保持不变立场的人道歉。我仍在重新整理脑海中的思绪。

我怀疑自己也将对科学幻想小说式的浪漫感到失望。生气勃勃的虚拟团体超越了我们的世界，同时超越了人类本性的粗劣。

我担心发生在我们网络社区中的一切。然而，我更担心那些正在更大范围的社会中发生的一切，我已经受到它们更大的影响。而家长、教授、老师、图书管理员，还有政治家们同样如此。

我认真思考，想知道50年前我可能会说什么，当时州际公路系统议案刚刚提出，这项议案得到了许多人的赞成：卡车司机、农场主和托运人等，他们都希望打破公路的垄断。政府部门、汽车制造商和建筑联盟都知道这会带来大笔收益。来自各州的政治家们认为修建公路绝对是件好事。

有谁大声反对过超级高速公路系统吗？我不记得有人说过："嗨，这些环形公路将破坏我们的城市。它们将占用富饶的土地，并让我们花费好几个小时的时间上下班，还会将一个个市区变成郊区。"

我预先在这里提出自己对计算机网络意见。它们将我们每个人孤立起来，并让实际体验的价值降低。它们与读写能力和创造力相悖。它们将削弱我们的学校和图书馆的用途。

原谅我。我不希望武断地下定论。但是我的确希望人们思考他们所做出的决策。记录我在网上度过的美好时光，以及我通过计算机认识的那些了不起的人是件很有趣的事，但是现在我挥动旗子——一面黄色的旗子，意思是："你正在进入一个不存在的宇宙。请考虑一下后果。"

这是一个虚幻的世界、一种虚无的可溶解组织。当互联上闪过一个明亮的、吸引人的"知识就是力量"的图标时，这个虚无的世界吸引我们将自己的时间白白浪费。这是一种卑劣的替代品，这种虚拟现实存在巨大缺陷，而且它借着教育和进步的神圣名义，毫不留情地贬低了人类互动的某些重要方面。

结束抨击。我的意思并不是放弃这种不受欢迎的网络。我也不认为我有权使用科技产品，而其他人不能。刚好相反，我期盼互联网延伸到每个城镇和家家户户的那一天。但是人们对这种媒介的宣传有些过度了，与此同时，人们的期望在不断膨胀。而针对在线世界含义的严肃讨论非常少见，这种情况应该受到谴责。

流行的虚构理论告诉我们：网络力量强大，是全球性的、快速的，也是廉价的；这是一个可以遇到朋友和开展业务的地方；你会在这儿找到娱乐、专业技术和教育；简单来说，上网很重要。

其实并非如此。

我们的网络可以变成令人感到挫败的、昂贵的、不可靠的地方，这将妨碍有意义的工作。这是一个过度宣传的、空洞的世界，缺乏温暖和人类的善意。

铺天盖地的宣传信息很少提到社会需求或商业问题。与此同时，它还直接威胁我们社会非常珍视的部分，比如学校、图书馆和教育机构。

鸟儿不再鸣唱。

抛开所有虚拟社会的承诺，最重要的是在一个真实的社区过着真实的生活。

针对计算机、网络和看重它们的文化，我带着困惑和矛盾感情开始了这种思考。

最初，我希望思考技术方面的问题。但是我发现自己又退回到同一个主题：真实的生活和真实的体验比调制解调器所传送的任何东西都更重要。信息并不全是知识。电子网络正侵蚀着我们社会的重要部分。

计算机网络，就像汽车和电视机一样，提供了一种最诱人的自由——一种所谓的"自由地来……"的错觉。随着我远离计算机上闪动的即时信息，我开始想知道一种不同的自由，可以称之为"自由地去……”。

当然，很少有人会关掉面前的计算机或离开他们的键盘。我们的网络用处太多了，而通过计算机，我们可以得到很多。

现在是奥克兰10月份的一个深夜，我闻到了厨房里传来的爆米花的香味。我的沉思结束了。

● 追踪问题 ●

1. 斯托尔是美国最著名、技术最高超的计算机专家之一。现在他认为计算机和互联网既是一种帮助，也是一种阻碍。选择一个或多个观点，然后提出你的意见：

（1）“真实的生活和真实的体验比调制解调器所传送的任何东西都更重要。”

（2）“单单浏览这个网络社区就需要每晚花上两小时的时间。”

（3）“或许我们的网络世界并不是一条通向自由的通用门户。这会不会只是一种脱离现实的、让人分心的手段，一种将我们的注意力和才智从社会问题上拉走的自我欺骗方式，一种鼓励被动接受而非主动参与的被滥用的技术？”

2. “网络社区”对你的生活方式有哪些积极或消极的影响？

计算机成瘾的十大症状

詹姆斯·费林

1. 在试图停止使用计算机或限制使用计算机的时间上表现出"失去控制"。（违背对自己和其他人的承诺，发誓停止或削减时间，却做不到。）

2. 不能坦白使用计算机的时间或将使用时间最小化；掩盖或不能如实说出使用计算机做了什么。

3. 计算机使用者或其朋友、家人承受着负面结果——由计算机使用者使用计算机的时间或行为直接导致。

4. 使用计算机参加高风险或正常情况下无法接受的活动。得益于保持匿名的机会和计算机的保护，做出一些危及道德、价值观和安全的事情。（针对这种情况，最好的一种测试是问自己，你的配偶、朋友或亲人能否认同你在计算机使用上的所作所为。）

5. 有一种认为计算机在生活中非常重要的过度发展的意识。狡辩自己有权随心所欲地使用计算机，不顾你生活中的其他人正感到被遗忘和忽视的事实。（否认这种问题并为自己辩护；无法听取或理解其他人对你的计算机使用行为的忠告。）

6. 陷入精神愉快（一阵"激动"）和内疚的复杂感情。这是因为使用计算机的时间错乱或通过计算机做出了不正常的行为。

7. 当某件事或某个人缩短你使用计算机的时间或打断你的使用计划时，你会感到沮丧或焦虑。

8. 在不使用计算机时，心里仍想着计算机和所参与的计算机活动（比如在一家人聚餐、努力在最后期限之前赶完工作等情况下）。

9. 发现自己在对生活中的某件事感到不舒服、愤怒或悲伤时使用计算机。例如，因对你的人际关系感到不满，而在计算机上自行疗伤和"逃避"。使用计算机最终成为一种集中精力的方式，从而让你可以避免面对生活中所发生的一切和感受自己内心深处相对应的情感，即自行疗伤。

10. 遇到财务问题——因为钱都花费在计算机硬件和上网费用，或者其他和计算机相关的费用上。

上面十项中有几项与你相符？如果只有一项相符，那么说明你有可能遇到了计算机成瘾问题。如果有两项相符，就说明你很有可能遇到了计算机成瘾的问题。如果有三项或以上相符，就说明你已经表现出某种行为模式，这种模式暗示你已经对计算机上瘾，或你在使用计算机时对所参与的活动成瘾。如果你在生活中遇到这类情况，那么你需要联系当地有处理成瘾行为经验的心理治疗师进行治疗，这一点很重要。比较安全的开始是先进行一次评估，这能帮助你和你的治疗师了解你生活中的这个领域出现了哪些问题。治疗师可以根据这一评估，制定出适合你情况的专门计划。

新视角

尼尔森·古德

　　我在阅读我研究领域之外的读物时发现，有许多长久以来为人们所秉持的信念最终被表明是错误的，比如，我们看见物体的方式。我认为要能看见需要两种东西：一双好的眼睛和一个光源。随后，我读到了一些试验：人们从一个网格盒子的外面向里面窥探，里面只有光。他们看到了什么？答案是黑暗。怎么会这样？他们的眼睛没有问题，而且正盯着纯粹的光啊！对此的解释是，光本身是不可见的；如果想要看见光，必须要通过物体的反射（比如，把一根小棍放到充满光的盒子里时，人们就可以看到它）。宇航员报告说，在充满阳光的外太空，他们看到的只有黑暗，直到宇宙飞船中的工具出现在他们的视线之内时，才可以见到光。

　　先天失明的人，在复明手术之后，通常还是无法看到摆放在他们面前的物体。他们看不到物体的形状、大小和距离，尽管他们具备了一双功能良好的眼睛、光线和需要感知的物体。在成功地做了复明手术的几天后，一位曾经靠触摸了解自己工作的机械师被带到他的车床旁。尽管他知道车床就在面前，他却看不到车床。只有在他触到车床之后，机器的样貌才显露出来。无形和模糊的世界给刚刚获得光明的人们带来了许多困扰，以至于他们中的许多人再次退回了从前的方式（比如，关掉家里的灯）。

看见不仅仅是一种单纯的视觉行为。我们必须认真地训练大脑去看。物理学家亚瑟·扎荣茨认为，世界把自己呈现在我们面前，然后我们的大脑把这些刺激物转换成形式和意义。简单来说，看见是一种需要大脑积极参与的活动。最近，一位母亲告诉我，她六个月大的儿子在看见天空中飞过的飞机时，努力伸手去抓。通过反复实验，他正在学习大小和距离——他在训练自己的大脑。

在更加广义的范围上，看见还指理解、会意和预见。（如：你"明白"我的意思吗？）我们在一个无形的世界中训练自己的大脑，就好像刚刚获得光明的人一样，常常喜欢采用感知和思考这类熟悉的方式。存在却没有被看见是另一些可能性和现实。我们当中的绝大部分人都对自己上班的路线全情投入，举例来说，我们在路上甚至看不到一头坐在电线杆上的大象。偶尔，因为死亡、降生、疾病、中奖或者顿悟，我们突然脱离原有的感知模式。但是这种观念的新起点总是超出我们可以即刻控制的范围。一个人要怎样做才能有目的地训练大脑重新看见？

我们所能看见的在很大程度上取决于我们的感知定式。感知定式是一套完全适用于注意特殊刺激物的就绪状态。举例来说，你听见有人叫你的名字，而你旁边的其他人却没有听见；或者在失恋时，莫名其妙地，发现每首歌好像都和失恋有关；每当你买下一辆与众不同的汽车后，好像街上就会突然间冒出很多同样的汽车……这是为什么？

感知定式受到过去的知识、当前的需要和期望的强烈影响。感知定式的作用是充当屏蔽物和过滤器，并帮助我们集中注意力。但是在这个屏蔽和过滤的过程中，许多感知选择被遗漏或疏忽了。当我们知道自己的感知定式影响了我们的注意力时，重新看见才成为可能。

日常活动是扩展我们感知定式的丰富资源。观察其他人对许多背景环境（如餐厅、球类运动、电视或电影、演讲或演说、闲逛、看人等）的选择和反应。是什么避开了你的雷达监视器，夺走了小孩子的注意力？通过了解其他人的感知定式，你很快就会发现某种既定情况的其他可能性。

有意识地发展一种新的感知定式也可以让以前不存在的东西显露出来。你可能没有完全意识到这些，比如在日常生活中遇到的所有"微小的快乐"：一杯上等咖啡或茶的口感和香味、小鸟的叫声、有人给你让座、闷热一天里的一缕凉风、干净的床单、孩子的笑声、宠物的恭候、太阳再次升起，以及你坐着欣赏风景等。许多研究显示，意识到微小的快乐是幸福感必不可少的一部分。尝试一下：有意识地制定一种感知定式，以观察一天（特别是那些可能充斥着抱怨和不快的日子）中的微小快乐。

一位人类学教授曾经说："每个人都和所有其他人一样，和别人中的一些相像，又和另一些人不同。"然而，在观察其他人时，我们倾向于只把优先权给予其诸多方面中的一个。通过修正我们的感知定式，同一个人看似拥有了以前从未见过的品质。想想你的朋友、家人、同事，甚至是一个你不喜欢的人；想想他们相似的地方（比如基本需要、梦想和希望、担忧、兴趣与爱好等）：他们和有些人而不是另一些人的相似之处在哪里（比如年龄、性别、种族、职业、居住地等）？这些人具有哪些独特性？我们在其他人身上所看见的取决于我们强调的观点中的哪些？这甚至会改变我们认识自己的方式。

一个真理的反面是另一个真理，圣人们如是说。据说"爱情是盲目的"，每个人都能明白这个显而易见的道理，除了深陷爱情的恋人们。亚伯拉罕·马斯洛评论说，尽管如此，"爱情也有可能让恋人看到爱人身上的某些品质，而这些品质完全被其他人忘却了"。马斯洛的这一原理也适用于知识。掌握更高层次的知识的人可以用一些其他人不知道的方式理解问题，这是因为那些人没有具备这种更高层次的知识。牙医给我看一张X光片——我能看见的只有云雾般的阴影，他却看见了许多我不希望他看到的情况。我——一位小号手和一位吹长号的好朋友，兴高采烈地听着爵士乐团演奏的曲目，其中包括铜管乐中长号的部分。他一度兴奋得差点掀翻椅子，他大叫："你听到那段低音长号的即兴演奏了吗？"我告诉他我听不出低音长号和其他种类长号的区别。在接下来的一首乐曲里，他就指指点点地告诉我说"那个地方，还有那个地方"，直到我听出了其中的区别。他告诉我怎样听见进入我耳朵却没有被听见的差异。

学习新知识的一种有效的方式是倾听——一种不太常用的艺术。脱口说出你的观点很容易，倾听某个与你很像的人的话也很容易，但是这些方式对学习新知识的用处不大。倾听一种新的或者相反的观点才能让你受益，因为这些观点可以为你创造一个更广阔的世界。真正的倾听意味着当一个人说话时，去尝试理解他（她），而不需要插话或在脑海中想着如何反驳。梭罗说过："我得到的最大恭维是被别人问到，我对自己的答案有何想法和有多在意。"去听莱斯特叔叔唠唠叨叨地诉说他三十年来在一家镊子工厂的往事不太可能促使生活发生转变。你应该选择一个令你持有强烈信念的主题，并与一些和你意见相左的人进行讨论，你需要真诚地倾听他们的观点。你可以不改变你的初衷，但是现在你有了几个不同的角度，而且至少给出了梭罗所说的那种恭维；而且，说不定有人会回以同样的恭维。

我们的文化鼓励目标设定。如果目标具有一定价值，那么就能够为人们提供明确的方向、赋予强大的动机。然而，如果它们过于强烈，那么也可能让人盲目行事。一则民间故事说明了这种问题。

齐佩瓦族部落的首领告诉族中的一位勇士，要他去寻找麋鹿群，为一次大规模的狩猎活动做准备。经过三个星期的跋山涉水，这位勇士回来了。他报告说自己找到了麋鹿群，然后描述了鹿的数量和方位。随后，首领问他："沿途中的树上有水果和坚果吗？"勇士回答说："不知道，我又不是在找这些。"首领顿了顿，然后回答："你必须学会看见那些不是你在有意寻找的东西。你再走一趟，然后告诉我你所看到的。"

就像那位勇士一样，我们让某个目标主导了我们的感知方式，因此无法看到生活给予我们的其他东西。检查你的目标设定方式，并判断在认识世界这个问题上，这种方式基本上是一种积极的力量还是消极的力量。

有意地尝试转换感知定式可以创造出许多惊喜。看看下面提供的活动，考虑尝试一个或更多：

1. 音景意识

在至少两种声音背景下，闭上眼睛待一会儿，并感受周围的声音。这种感觉与你睁开眼睛时有何不同？这些音景能否融入你的整体幸福？

2. 独自漫步

如果有可能，到户外漫步，以轻松的姿态，寻找能够反映出你是一个人的物体。不要强行找个类似的东西充数，而要让它自动现身。这种象征性反映可能需要几分钟，甚至半个小时左右。如果这一象征性反映出现了，你要停下脚步，想一想，然后记录你的想法。如果在你漫步时，这种反映没能出现，那么换个时间再进行尝试。

3. 转换焦点

第二次世界大战中，在面对危机时，英国首相温斯顿·丘吉尔告诉一位同事说："在吃完一顿丰盛的午餐、抽完一支雪茄，再打个盹儿之后，一切看起来都会不同。"当被问题或决策压得喘不过来气的时候，最好的办法就是进行一种完全不相干的活动。即使单纯的休息——散步、和朋友随便说说话、看看书、看看电影——都有可能产生有着很大不同的感知转换。诗人华莱士·史蒂文斯指出："有时，真理取决于一次湖边的散步。"

4. 拟人化

用一张纸或更少的篇幅，描述你周围的世界。可以是一个活物，也可以是无生命的物体。试着想象置身于它的世界将会是怎样的情况，以及它如何看待事物。试着不要在你的文章中说出物体的名称（然后，让其他人来猜测这是什么东西）。

赫尔曼·黑塞在《荒原狼》中说，一个人行走在一个有100种树、1 000种花、100种水果和蔬菜的花园里。"然后设想一下，这个花园的园丁只知道能吃和不能吃的区别，对他来说，花园里90％的东西都没什么用处。"

就像黑塞笔下的园丁一样，依赖我们看见物体的惯有方式所做出的选择有很大局限性。如果一个人希望更多地了解生活的给予，那么我们必须训练我们的大脑偶尔看见全新的事物。这可能意味着经历奇怪、出乎意料的事物。我们或许会对某种存在于我们正常认知范围之外的可能性感到震惊。我们也可以进行有意识的试验，尝试所有感知方式，以便促成其他观点的出现。埃德·阿贝提醒我们："在我们自己的世界以外，还存在着一个更古老、更伟大、更深刻的不同世界。"或许我们应该看一看。

● **追踪问题** ）

1. 选择作者提出的两个主要观点，然后进行评论并将之应用到个人生活中。

2. 文章的末尾提出了改变感知定式的四种技巧。尝试一种，报告结果并加以评论。

展现你的才华

迈克尔·琼斯

    尽管我花了很长时间演奏我自己的音乐，但是在演奏其他人的音乐时，我仍旧感到不舒服，当然，好朋友的除外。我的确演奏其他人的作品，而且在我公开演出时，也离不开这些曲目。

    当我在一个安静的夜晚坐在一家酒店大厅的钢琴旁时，我演奏的正是这些曲目中的一个。（我要在这家酒店住几天，主持一个咨询管理研讨会。那天晚上，我们给自己放了个假。）现在，我已经坐了一会儿，并陷入沉思。我周围的建筑看起来非常安静和空旷，我甚至觉得可以随意让自己的音乐来回编织它们自己的对话。

    但是，并没有真的那样空旷。很快，一位老人步履蹒跚地从附近的沙发旁走过来，然后扑通一声坐进钢琴旁的大安乐椅中。他坐在那儿，一边慢慢地品着酒，一边看着我演奏。我觉得注意力被分散了，而且很不自在，我坐立不安，他随时都有可能请求我演奏他喜欢的曲子，有可能是一首我最不知道该如何演奏的曲子。

    在我演奏完之后，他问："那是什么曲子？"

    "哦，《月亮河》的一部分。"我回答。

"没错，我听出来了，"他说，"但是那之前的呢？"

"那是我自己写的一些音乐，我还没给它命名呢。"我答道。

"你应该给它起个名字，"他说着，"它很不错，值得。"他若有所思地想了一会儿，然后说："你的音乐很美，但是你却在别人的作品上浪费时间。"

他的意见就像喜从天降一样快，快得连我都不确定自己是不是完全明白他刚才所说的话。

"您的意思是什么？"我问他。

"是你的音乐把我引到这儿来的。"

"但是……"我打断他的话，"但是另外那段音乐才是人们想听的。"

"那是他们没有听到你的这个，"他回答，"请你多演奏一些。"然后他闭上眼睛，背靠着椅子。

当有人正在用心倾听我的音乐时，演奏自己的音乐感觉上不太像表演，而更像一种表达爱意的亲密行为。我更加强烈地意识到被一股情感的涌流牵引着，而跟随这些情感比一板一眼地按照音符演奏更加重要。或许这正是我们彼此相伴时的感觉。

当我演奏完毕之后，我和他安静地坐了很长时间。他慢慢地睁开眼睛，又喝了一口酒。

"你都怎么处理自己的音乐？"他问我。

"什么都没有，这只是我为自己做的一件事。"我回答。

"就这样？"他对我的回答感到吃惊。

然后我简单地解释了我来这家酒店的目的。

"但是，有多少人可以做这份咨询工作？"他问。

"哦，大概二三十个吧，"我回答，紧接着又加了一句，"但是我不希望放弃它。我这个工作的使命是改变世界。"

"我相信它是。"他答道。看上去他对我话中不自然的信念无动于衷。然后，他把酒杯放在桌子上，然后与我对视。

"但是，如果你不演奏自己的音乐，那么要谁来演奏呢？"

"这没什么特别的。"我抗议。

"没错，"他表示同意，"但是这是你的音乐，如果没有它，这个世界会很贫乏。"

我正打算说出其他借口，但看到了他眼中的热情，听到了他冷静而清晰的声音："这是你的才华，不要浪费了。"

说完这些话，他站起来，把手放在我的肩上，稳住自己的身体，举起酒杯安静地一饮而尽，然后慢慢地踱回沙发。

我呆坐在椅子上。"谁将演奏我的音乐？"我一遍又一遍地问自己。过了一个多小时，我还处在震惊中，没有回过味来。在智利诗人巴勃罗·聂鲁达的回忆中，他谈到那些无法达成生活梦想的人们有时候是怎样抱怨没有人给他们建议的。没有人事先警告他们，他们正在误入歧途。但是这对于我来说不再正确，因为刚才已经有人给我警告了。

后来，我去找这位老人，希望他能再多告诉我一些。但是他已经走了，而我甚至怀疑或许他从来就没有出现过。如果我那天晚上没有坐在椅子上听到他的建议，可能会被其他事情占用注意力，比如一个梦。在那一刻，更大的宇宙——我们一直是其中的一部分，却常常对它视而不见——得到了我们全部的关注。它的出现可能像大海上的风暴一样有力、让人惊慌失措，或者像亲吻睡美人的亲密动作那样温柔。它知道怎样找到我们最有可能产生弱点、没有防备的部分。这个"叫早电话"足以让我们前进。我们满怀恭敬，尽管它的目的和最终结果尚不明确，但沿着它给出的道路前行仍旧成为我们的新工作。正如艾米莉·狄金森所说的："真理逐步展现出炫目的光彩，否则这个世界将会失明。"

通常，我想象自己真正的职业是画家、诗人或者与"生僻"和"特别"同义的其他什么。当朋友们问到音乐时，我总是断然说："不，这是个例外。"我们所做的这份工作没有什么神秘之处，尽管它看起来好像空中楼阁，但是我们却常常在身边熟悉、平凡的人中发现它的存在。的确，正是那种"它应该是特别的、与众不同的"的观点，那种"这是一种生僻、难懂和难做的事情"的观点，让我们走上了歧途。

为什么我们做起来轻而易举？这是因为从一开始，它就存在。它所需要的可能不是一种类似写作或谱曲的特殊才能，而是一种在意我们所提供的内容的品质、一种能够用心倾听他人的能力，或者只是一种惊奇或美丽——我们通过全神贯注于一支乐曲、一朵花或一棵树而带给这个世界的。我们的目的是将我们自己呈现给周围的世界，包括人、乐器、树木和言辞。而通过专注，我们引导出它们并让它们照亮生命。当我们将自己呈现给这个世界时，世界也将给予我们回馈——用大卫·赫伯特·劳伦斯的话来说，就是"生命涌现"。

我们渴望做的那件能够为生活带来提高的事情是什么？这通常为

我们提供一个线索：沿着它，我们可以从某个地方找到我们的才华。在我们必须要做的许多事情之外，是一个更深层的目标，一个包含展现我们自己并借此将世界的某些方面带入我们生活的目标。但是我们不能单枪匹马，因为通常我们都是通过其他人来识别自己真实身份的。"创造的神秘总是存在于两者之中，存在于总是有一个'你'和一个'我'的这种意识中。"劳伦斯·凡·德·普斯特这样写道。我们所有人至少都需要有另外一个人来认识我们之间的这种火花，以便让我们成为我们应该成为的人。对我来说，那个人就是我在酒店大厅里遇到的那位老人。

在你的生活中，那个为你提供确认行为的人是谁？那个自愿为你用火柴点燃火把并把你的才华呈现给这个缤纷社会的人是谁？而你的才华又服务于谁或什么？就像劳伦斯·凡·德·普斯特所说的："我们绝大部分人的确误以为自我当中只有'我'而不知道其中还有'你'。"然而，一旦被点燃，我们内心的火苗便剧烈燃烧，以至于如果我们直接面对自己，那么我们将会失明。我们可以通过和我们有关的其他人的行动看到自身的'你'；他们就是将我们的太阳光反射给我们自己的那轮月亮。

从我点头承认自己才华的那一刻起，我再次学到了该怎样对快乐说"是"——我知道这是音乐带来的。而我也敞开了自己，从而达成更大的目标，那是些并不完全属于我自己的目标。我为这种想法而颤抖。有时，其他人已经努力让我们的生活闪光，但是我们却没有接受那根神奇的火柴。我们知道，一旦妖怪脱离了瓶子的限制，我们的生活将永远不再安静如初。这种燃烧应该发生，这种燃烧拥有巨大的力量，可以将一切转变为灰烬——有限的信念以及所有我们坚信是真理的东西。没有例外，一切都会改变，甚至包括最微不足道的行动。

我既不能前进，也无法倒退。当我们在自己的创造性生活中走到这一步时，通常都会被要求超越我们的技能，做一些和过去相反的事。如果我们过去没有集中精力，那么现在就需要这样；如果我们过去被驱使着前行，就像我平时所做的那样，那么现在就是休息的时候。凯末尔告诫我们，要抱着希望，因为正是强烈的希望让一切运行。

将我们的注意力从希望上转开，就算一会儿，都可能已经太久。

我们当中有多少人已经从理想中的生活上移开了注意力？又有多少人宁愿在安全的制度性生活中牺牲自我，而不是参与一种短暂而高尚的自我实现？是什么常常迫使我们从自己希望的生活中走开，而不是全心投入？或许梦想看起来离现实太遥远，而我们日复一日地生活，只是因为我们不知道应该从何处开始，或者怎样找到一个恰当的时间开始。在我们最初试图让自己投身于艺术时，也会遇到困境。我们可能感到不确定并很快准备承认自己的不足——当那些认为我们所做的事很愚蠢或不值一提的人出现时，或者由于挥之不去的自我怀疑的折磨。

当我们以这种脆弱和微妙的心态开始自己的理想生活时，通常我们需要一个勇敢和热情的形象，它要足够强大和热烈，只有这样，我们才能让它成为自身的一部分，直到我们自己渺小、柔弱的火苗变得强大，足以自己燃烧。

与那位老者的相遇鼓舞我重拾音乐，但是这次相遇给予我的不止这些。坐在钢琴旁为我打开了一条通路，通过它，我能够再一次感到藏在内心深处的脆弱。随着我心门的开启，它反过来提出了邀请，让我参加一场婚礼——一场理智上的雄心壮志和在灵魂中出现更为深刻真理的渴望之间的婚礼。我正在学习去爱另一半自己。

我可以像贝多芬一样，拥有一种大到足以填满我一生的想象力吗？我可能还会遇到挫折、困扰和自我怀疑，所以我能对这个问题说"是"吗？我不仅可以接受还可以拥抱这些不确定性，不仅能够忍受还要参与这种不确定性吗？我如果遇到痛苦和挫败还能继续前进吗？我愿意谦卑、虔诚地接受这种未来，并像哲学家鲁道夫·斯坦纳所说的那样做吗？（他曾经说："无论接下来的一小时或者一天会带来什么，我都不会因为害怕和焦虑而改变它，因为那仍旧是未知的。"）我所感受到的恐惧可能只是一个更为有限的过去所遗留下来的阴影，而不是未来的预言家。

当我离开咨询会议，再次坐在钢琴前时，我认为自己的演奏很糟糕。而当我后来从音乐创作中抽出时间开始写书时，我几乎没有写作经验。或许这就是生活对我们提出的要求：满怀信心地踏入我们生命中的某个地方，在这里，我们无法再依赖我们的聪明或智慧。实现创造的动力是接受它可能要求我们付出一切却没有保证给予回报。摩西带领他的人民自信地走进红海，在海水最终被分开之前，他们极有可能被淹死。或许只有当我们失去了所有保证时，生活才会发现我们。

我对曾经虚度的那些年感到悲哀——那时我一直努力奋斗，试图把每件事都做好，却不知道好的标准是什么。那是这样一些时刻：我种下种子，然后迫不及待地把它们挖出来，看看它们是不是发芽了；有时，我绞尽脑汁去领悟其他人想要从我这里得到什么，而不是问我自己最想要什么；有时，我感到害怕，因为我不知道自己的路将通往何方；有时，我认为我需要依赖自己天性中的个人主义和已取得的成就来完成所有工作，因为我不相信求助有用。

学会信任这些信念，这一转变实际上对生活有利，而不是有害。它们慢慢接近我。而我现在满怀感激，因为我知道，或许这就是我们感到真正失去的时刻，在呼吸之间——最接近真理的时候——摸索我们的路。

我们怎样才能在字里行间找到同样深刻的真理和灵感？是否就像我们在作画时从手中流出，或我们跳舞时从接触地板的双脚中流过的那样？当我们可以随意表达我们不同的声音、对困境或担忧不再感到害怕时，我们是否会延缓带着深刻的内省进行试验的计划和进度呢？我们可以分享自己内心最深处的信念吗？它们的背后可能存在一种更伟大的真理，那一旦被揭示出来，就可能让我们生活在一个更富有想象力的和平的世界中。

当我放下咨询实践回到音乐上来的时候，我无法预见这条路通向何方。但是随着时间的流逝，痛苦的不确定性已经演变成一种奇妙的舞蹈，它优雅地把我生活中所有重要却看似独立的丝线编织在一起。发现理智与情感的契合并不在我的计划之中，至少不是我计划的。对于我战略性的头脑来说，这是一件过于复杂，或许太过可怕的事，但是，或许就像瓦格纳谈到的贝多芬本能的、蕴含情感的表演——对他来说，这是"孩子的游戏"。我们生活中的创造性正反映出我们内心深处对孩子的游戏的热爱。

所以，现在当我参加咨询小组时，我不再像以前那样带着图表、理论和投影仪，而只带着自己和一架大钢琴。而当我们围成一圈的时候，我会细心地在钢琴旁留出一个位子——给那位酒店大厅里的老者。

● 追踪问题 》

1. 从下面的两个观点中选择一个进行讨论。

（1）"我们的目的是将我们自己呈现给周围的世界，包括人、乐器、树木和言辞……当我们将自己呈现给这个世界时，世界也将给予我们回馈。"

（2）"或许这就是生活对我们提出的要求：满怀信心地踏入我们生命中的某个地方，在这里，我们无法再依赖我们的聪明或智慧……或许只有当我们失去了所有保证时，生活才会发现我们。"

2. 作者认为我们所有人至少都需要有另外一个人认识到我们的才

华和我们的工作。请就这一观点提出你的意见，并说明其对你来说是否正确。

3. 从文章中选择任意（一个）观点，然后记录并讨论。

4. 谁将演奏你的音乐？

第三部分 应用活动

某一天的清单

从现在到你死亡的这段时间里，你希望经历和完成的事情还有许多。列出这些事情通常能够揭示一些主题，它们会对你寻求理解自身的生活提供很大帮助。下面列出了发现这类主题的技巧。

1. 列出至少20件在你死亡之前，你想要做的但目前还没有开始做的事或想要获得的成就。注意，成就是一种以目标为导向的努力，而经历指的只是到过那里（让事情发生）。下面给出一些说明二者差异的例子。

- 成就：获得学位、写一篇文章或一本书、掌握一种技巧、培养某种品质、改变一个习惯
- 经历：出席音乐会或艺术展、有了孩子或孙子、感到内心和谐、登上山顶、搭乘热气球

一次性完成这份清单或许很困难。你可以随意写下尽可能多的内容。没人会看到你的清单。清单中也可以包含"不切实际"的项目，包括幻想和梦想。先把这项任务搁置一会儿，甚至几天时间，然后再继续。试着列出几种不同生活类型的项目。

2. 请根据以下建议进行分析和解读。

（1）确定你清单中所列项目的共同主题。举例来说，你可能列出

了关于身体挑战和兴奋、创造性、家庭及人际关系、职业目标、内心状态等主题的多项内容。在一张包含25个项目的清单中，通常应该有四五个主题。个别项目可能适合不止一个主题。一旦你确定了主题，就要给它们分类。

（2）把你的主题作为提上现在日程的未被满足的需要（而不是把它们留给未来）。你认为这份清单与你五年前所写的有关同一主题的一样吗？请说明原因。

（3）你打算从什么时候开始做清单上列出的那些事？有些实际上不得不稍后才能开始。而其他的，可以从现在开始。小心"等到……"的错误印象。人们不断推迟所希望的生活行动，直到具备了某些条件；但是如果只是等待，条件可能永远都不会出现。最常见的等候条件是时间和金钱。例如，"在我完成学业时，我就能够……"，五年之后可能会说"当我在工作上没有这么多需要的时候"，或者"等孩子们都长大了之后……"。这种等待可能持续，直到"等到……"变成了"多么希望我曾经……"或者"如果……就好了"。如果一个项目存在了几年之久，或许它就已经沦为幻想了。

可以考虑那些周期较短的项目，诸如学习极限运动或舞蹈等。许多项目都属于很难应付的家庭责任。简单来说，应关注那些平常很少接触到但能够提供有价值的经验。

（4）用某种方式活化这些主题。记住，这些主题作为未被满足的需要，要求被关注。选择一个或两个看起来最为迫切的主题。如果这些主题下的实际项目并非真实可行的，请想一些能够实现这些主题精神的替代活动。举例来说，如果你无法开始写一整本书，那么就先从写一个章节或一个小故事开始；如果你现在不能与心爱的人一起去欧洲进行为期两个月的旅行，那么就制订一个短期计划，选一个你们两人都满意的地方，度过一个美好的周末。任何主题都可以通过创造相似的替代性活动来活化。

（5）在接下来的一个月里，尝试每个主题中的活动，每个主题最少一个活动。

3. 在小组里或和全班同学一起讨论你所做过的有关清单和主题的情况。记录你的主题、可能存在的"等到"陷阱，以及你尝试活化主题的活动。

更多有关这一活动和观点的内容，请参阅路易斯·萨尔的《试验学习策略》和赛林的《沉睡谷》。

与智者的对话

智者有着高深的学问和高超的理解能力，以及非凡的洞察力和判断力。智者可能是一位接受过传统意义上的高等教育的人，也可能不是。我们可以从智者那里寻求指导，而这将帮助我们应对那些需要智慧的时刻。我们可以借助许多方法接受这些智者的指导。下面给出了一些步骤。要做到这些，前提是一种听取这些智者对你所说的一切的意愿。

1. 找出三个具备上述品质的智者。他们可能是你的祖父母、姑叔姨舅、父母、老师、邻居等，也可以是你间接知道的人，比如哲学家、宗教领袖、作家或者历史人物。在某种程度上，这些人与你在一

种深远、内在的水平上相关联。列出这三位智者的名字：_____、

_____、_____。

2. 从这三位智者中选一位，然后和他进行对话。这位智者可能为你当前的决策、困境或总体生活问题提供答案。

3. 回忆这个你非常尊重的人的品质，努力记住两个他过去帮助过你的例子，感觉他现在正和你在一起。

4. 在纸上开始和这位智者的对话。首先问候他一下，然后开始讲述你为何需要指导；继续自然地和你想象中的智者进行对话，不要采取强硬的口吻，就好像你真的在和这个人对话一样。你可能自然地感觉来到了结束对话的时候。如果真是这样，就停止这次对话，等晚些时候再继续。

5. 如果你愿意的话，可以和你生活中其他的智者一起完成步骤2到4。

6. 追踪观点：在和这位智者进行完对话后，你有什么想法或者打算采取某种行动？你现在可以更从容地与这位智者接触吗？

一个人的进化

1. 生命线（从现在到死亡）：列出你期盼和希望在有生之年发生的事件，试着估算每个事件（包括你的死亡）发生时你的年纪；考虑这些主要事件——工作或教育机会、婚姻及家庭计划、失去重要他人、精力及体力减退、希望走访的地方、特别的目标和梦想等。

2. 追踪问题：在你预计的生命线中，哪一件或两件事特别突出？

你生命的哪个部分发出了最不完整的预告？你认为这意味着什么？你怎样评估自己死亡年龄对你现在生活和未来生活的影响？

3. 考虑在"享受独处"的过程中，抽出一些时间完成这一活动。（参阅本部分《享受独处》一文。）

4. 讨论或记录参与这一活动过程中你的心得。

后记

    健康成长意味着生活在变化的洪流之中。我们在不断修正和抛弃存在的方式。有时候我们能决定自己将在何时改变，但有时我们无法主导。适合一个生活时代的标准可能不适合接下来的时代。正如梭罗在瓦尔登湖结束他的试验后所说："我离开了森林，带着和我去那里时一样的愉快理由。或许对我来说，就好像我有几条命同时活着一样，因此不能只为哪一条分配更多时间。"

    当目前的生存方式不能再为成长提供必需的促进因素时，我们就面临着自己离开森林的时机。我们必须召唤勇气，以应对彻底改变我们自己的挑战。而另外的选择应该是一成不变或停滞不前。如果你用心观察，那种方式终将现身。一颗遥远的星星所发出的光在你看来或许很微弱，但其实非常强。你所需要的就是那一丝微光。你将发现，就像梭罗说的一样，"如果一个人朝着他梦想的方向前进，致力于过他设想的生活，那么他终将取得意料不到的成功"。

    无论你能够做什么，或者梦想能做什么，马上付诸行动吧！
只要勇往直前，才华、力量及魔法，自然与你同在。

——歌德